내 몸 안의 뇌와 마음 탐험
신경정신의학

흥미로운 인체 탐험

08

우주만큼이나 신비하고 정교한
인간의 뇌와 정신에 대한 명쾌한 보고서!!

내 몸 안의
뇌와 마음 탐험

신경
정신의학

고시노 요시후미 · 시노 야스시 지음 | 황소연 옮김

전나무숲

저자의 글

정신의학의 세계에 오신 것을
진심으로 환영합니다!

정신의학 혹은 정신과 의사라는 말만 들어도 뭔가 불가사의하고 묘한 느낌이 들지 않는가? 호기심은 생기지만, 왠지 으스스하고 혹 거부감이 들지도 모르겠다.

정신 혹은 마음과 직결되어 있는 뇌는 매우 복잡한 구조로 이루어져 있어서 오랫동안 베일에 싸여 있었다.

그러나 과학 기술의 발달로 살아 있는 인간의 뇌 구조와 활동을 외부에서 확인할 수 있게 되면서부터 뇌에 대한 연구는 눈부신 발전을 거듭하였다. 더욱이 마음과 뇌의 관련성을 과학적으로 입증할 수도 있게 되었다. 특히 1950년대 이후, 뇌에 직접적으로 작용해서 마음의 병을 치료할 수 있는 치료제가 잇달아 개발되면서 정신 질환의 치료법도 나날이 발전하고 있다.

그러나 정보가 넘쳐나는 현대를 살고 있는 우리지만, 의외로 정신의학의 눈부신 발전을 모르고 있는 사람들이 많은 것 같다. 본인이나 가족, 친척, 친구 등이 마음의 병을 앓을 때 치료가 가능한 병이라는 사실을 모르기 때문에 필요 이상으로 겁을 먹거나 두려워하는 사람들이 많다.

모든 질병에는 적절한 치료법이 있듯이 마음이 아플 때에도 효과적인 치료법이 있다. 이 책을 통해 올바른 이해와 지식을 얻을 수 있기를 간절히 바란다.

_ 고시노 요시후미·시노 야스시

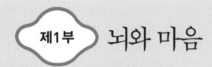

뇌와 마음

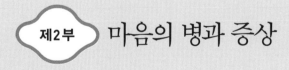

제2부 마음의 병과 증상

제3부 정신사회적 치료

제4부 마음의 병을 치료하는 약

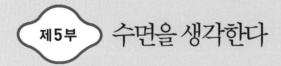

제5부　수면을 생각한다

제6부 뇌를 관찰하는 다양한 방법

뇌박사 오! 도넛처럼 생긴 게 말을 하네.

뇌철수 아, 아닙니다. 저는 도넛이 아니에요. 현재 개발 중인 인공두뇌랍니다. 참, 우선 제 소개부터 하지요. 제 이름은 '뇌철수'라고 합니다.

뇌박사 뭐, 인공두뇌? 뇌철수라고?

뇌철수 네, 저는 앞으로 인간형 로봇에 탑재될 예정이랍니다. 생김새도 인간의 두뇌와 비슷하죠?

뇌박사 그러고 보니 과연 그렇군. 도넛 향도 나지 않고 설탕도 묻어 있지 않잖아?!

뇌철수 저는 인간에 버금가는 훌륭한 두뇌가 되기 위해 인간의 뇌와 마음에 대해 공부하고 싶습니다. 부디 저에게 정신의학의 길라잡이가 되어주세요!

이렇게 해서 나는 의사가 된 이후 가장 기묘한 프로젝트, 바로 인공두뇌에게 인간의 뇌와 마음의 질환에 대해 가르치는 막중한 임무를 맡게 되었다.
이거, 워낙 갑작스러워서……. 그럼 일단 무엇부터 시작해야 되나?!
나는 우선 뇌철수와 함께 정신과 진찰실을 견학하기로 했다.

프롤로그 >>

정신과를 찾아가다

뇌철수	우와! 사람들이 굉장히 많군요. 다들 바빠 보여요.
뇌박사	여기는 대학병원이야. 환자도 많고 의료진도 많지.
뇌철수	정말 무지 큰 병원이네. 엘리베이터를 타고, 복도를 몇 개 지나서……. 한참 더 가야 하나요?
뇌박사	아니, 다 왔어. 바로 여기가 정신과 병동이지. 그럼 진찰실부터 구경해 볼까?
뇌철수	어? 여기가 정말 정신과 진찰실 맞아요? 책상과 의자, 침대만 달랑 있는 그냥 방이잖아요.
뇌박사	하하하, 정신과라고 해서 특별한 줄 알았나? 내과랑 똑같지. 여기 정신과에는 진찰실이 6개가 있어.
뇌철수	마음이 아픈 사람들이 꽤 많은가 봐요…….

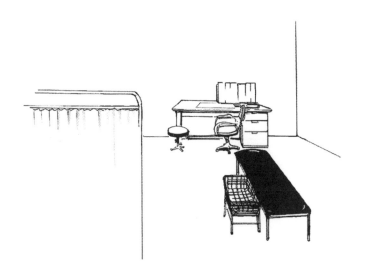

● 진찰실 풍경

뇌철수　어, 환자가 들어왔어요!

뇌박사　오전 외래진료 담당은 우울증 치료의 권위자인 우 박사님이야. 어디
　　　　　어떻게 진찰하는지 한번 보도록 할까?

　진찰실 문을 노크한 환자 우울 양은 25세 여성이다. 표정이 어둡고 얼굴에
생기가 하나도 없어 보인다. 시선을 아래로 떨어뜨린 채, 의사의 눈을 피하고
있다.

　우 박사 : 안녕하세요. 어디가 불편하세요?

　우울 양 : 저…… 요즘 조금만 움직여도 너무 피곤하고요. 으음…….

뇌철수　환자가 의욕이 전혀 없어 보이네요. 말도 제대로 하지 못하고…….

　우 박사 : 어떻게, 식사는 잘 하시나요?

　우울 양 : 아뇨, 별로 음식 생각도 없고요……. 으음, 먹어도 무슨 맛인지 전혀
　　　　　모르겠어요.

　우 박사 : 밤에 잠은 주무세요?

뇌철수　뭐, 특별한 질문을 하는 건 아니네요.

뇌박사　식사와 수면은 마음의 병을 진단하는 데 아주 중요한 눈높이가 되지. 그리고 평범한 질문을 하고 있는 것 같지만, 환자와 대화를 나누면서 환자의 전체적인 분위기를 관찰하는 거야. 이런 문진(問診)**은 아주 중요하거든.

**
문진 : 의사가 환자에게 주된 증상이나 질병의 경과 따위를 직접 질문하는 진단법.

● 진단 기준

마음의 병은 혈압이나 혈당치 같은 수치로 판단할 수 있는 병이 아니다. 경험을 바탕으로 한 의사의 관찰력에 큰 비중을 두는 것이 사실이다.

그렇다고 해서 정신과 의사가 단순히 '감'으로 환자를 진단하는 것은 아니다.

현재 정신의학계에서는 DSM**이라는 객관적인 진단 기준이 있어서, 그 지침서에 비추어 기본적인 진단을 내린다. DSM은 과학적인 연구 결과를 토대로 작성된 것으로, 높은 정밀도를 자랑한다(127쪽 참조).

우울 양의 경우, 전체적으로 생기가 없고 식욕 저하, 불면을 호소한다는 점에서 의사는 경미한 우울증인 감정부전장애(dysthymic disorder) 쪽으로 진단의 가닥을 잡았다.

**
DSM (정신장애의 진단 및 통계 편람) : Diagnostic and Statistical Manual of Mental Disorders.

20

● SCL(Symptom Check List)

　의사는 앙케트 용지 같은 것을 우울 양에게 건네주면서 기입해 달라고 부탁했다. 이 표는 SCL이라는 '증상 평가표'로, 질병과 관련된 상세한 증상이나 경향을 파악하기 위한 것이다. SCL은 상당히 자세한 것부터 비교적 간단한 질문을 하는 것까지 그 종류가 다양하다.

SCL(Symptom Check List)

● 우울한 상태를 초래하는 원인

　우울감, 기력이나 체력 저하, 의욕 상실 등 우울증과 유사한 증상이 나타나는 것을 우울한 상태라고 한다. 우울한 상태는 우울증 이외에도 다음과 같은 다양한 원인으로 생겨난다.

　① 갑상선 호르몬의 부족이나 당뇨병 등의 신체 질환

　② 알츠하이머병이나 뇌혈관 장애 등의 뇌 질환

　③ 인터페론(interferon)이나 혈압강하제(血壓降下劑) 등의 약물에서 비롯된
　　경우

④ 심리적인 스트레스에서 생기는 적응장애

우울증이라고 진단하기 위해서는, 이와 같은 질병이 아니라는 사실을 먼저 확인할 필요가 있다.

● **우울 양은 어떻게 되었을까?**

진찰 결과, 의사는 우울 양이 가벼운 우울증인 감정부전장애라는 진단을 내렸다. 우울 양의 증상은 불면과 식욕 부진 등 신체에 주로 그 증상이 나타나고 정신 상태는 비교적 가벼운 것이 특징이었다. 혼자서 병원을 찾았고, 비록 느릿느릿하긴 하지만 묻는 질문에 또렷하게 대답을 할 수 있었던 점도 주요 우울증이 아님을 나타내는 증표이다.

의사는 우울 양에게 휴식을 취할 것을 권하고, 수면제와 항우울제(antidepressants)를 처방했다. 우울 양은 다음 진료 예약날짜를 일주일 후로 정한 뒤 진찰실 문을 나섰다.

뇌박사 정신과에서는 초진일 경우 대략 1시간 정도가 표준적인 진찰 시간이라고 생각하면 돼. 우울 양의 경우 우울 증상은 보이지만, 자살을 생

각할 정도로 심각한 상태는 아닌 것 같고.

뇌철수 그런데 정신과에서 처방해 주는 약은 어떤 거예요? 꿀꺽 삼키면 그때부터 바로 '불행 끝, 행복 시작' 그런 건가요?

뇌박사 하하하! 물론 그렇지는 않지. 그렇게 바로 약효가 나타나면 큰일 나게? 대부분 서서히 효과가 나타나지.

뇌철수 몇 시간 안에 치료가 되는 게 아니구나! 하지만 진통제 같은 것은 먹으면 20~30분 안에 바로 효과가 나타나잖아요?

뇌박사 진통제하고는 조금 달라. 약리(藥理) 작용에 대해서는 나중에 차차 설명하기로 하고……. 아무튼 항우울제의 효과가 나타나려면 우울양의 경우에는 적어도 1~2개월 정도 걸릴 거야.

뇌철수 우울 누나, 빨랑 나아요!

뇌박사 어때? 현장 분위기는 조금 익혔겠지? 그럼, 본격적으로 공부를 시작해 볼까? 이럴 때를 대비해서 교육용 비디오테이프를 준비해 둔 게 있거든. 역시 난 선견지명이 있다니까. 껄껄껄!

제1부

뇌와 마음

정신의 바탕이 되는 뇌의 구조와 기능을 설명하고,
인간의 마음과 깊은 관련이 있는 '신경전달물질'에 대해 알아보기로 한다.

오잉,
나랑 똑같이
생겼잖아!

뇌박사   자, 그럼 비디오를 한번 볼까? 어, 어디가 재생이지…….

뇌철수   에헴! 재생 버튼은 바로 이거죠. 이런 건 제게 맡겨 주세요. 그럼 무엇
        부터 시작할까요?

뇌박사   으흠, 우선은 뇌의 구조부터!

뇌철수   인공두뇌에게 뇌 강의라?!

뇌박사   마음의 병을 알려면 우선 뇌의 구조를 제대로 이해하는 것이 중요해.

뇌철수   마음의 병과 뇌가 상관이 있나요?

뇌박사   물론이지. 뇌는 아주 복잡한 활동을 하고 그런 활동이 모여서 '의식',
        그러니까 '마음'을 만들어 내거든. 뇌는 마음이자 인간 존재 그 자체라
        고 할 수 있지. 그런데 이렇게 마음의 본체가 뇌라는 인식이 정착된 것
        은 18세기 무렵이야. 그 이전에는 많은 학자들이 뇌보다는 심장 쪽이라
        고 생각했거든. 사람들이 흔히 마음을 '하트'라고 부르는 것만 봐도 알
        수 있지.

뇌철수   마음의 본체가 심장이라고요! 말도 안 돼. 심장은 단지 혈액 펌프에 불
        과하잖아요. 근데 왜 뇌라고 생각하지 못했을까요?

뇌박사   문제는 뇌의 구조나 활동, 기능이 너무 복잡하다는 데 있어. 뇌의 부위
        별 기능이 밝혀진 것은 18~19세기이고, 신경세포가 알려진 것은 20세
        기, 신경전달물질의 작용이 규명되기 시작한 것은 20세기 후반이니까.

뇌철수   천천히 말씀해 주세요. 제가 이해할 수 없는 단어들이 막 튀어나오잖
        아요.

뇌박사   오, 미안 미안. 그럼 천천히 하나하나씩 공부해 보자고. 자, 우선 뇌의
        구조부터 시작해 볼까? 비디오 큐!

1.1
뇌의 구조

1. 단단하게 보호받고 있는 뇌

인체의 사령탑이라고 할 수 있는 기관인 뇌! 그 역할의 중요성만큼 뇌를 사수하는 일은 막중하다. 따라서 딱딱한 두개골(頭蓋骨)은 물론이고, 머리카락과 두피도 뇌를 보호하는 데 일익을 담당하고 있다.

또한 두개골 안쪽으로 들어가 보면 2개의 막(경막硬膜, 지주막蜘蛛膜)과 액체 층(수액髓液), 그리고 또 하나의 막(연막軟膜)이 뇌를 둘러싸고 있다.

이렇듯 경막에서부터 연막까지 총 다섯 층의 보호막과 아울러 두개골 바깥쪽의 두피와 머리카락이 다양한 종류의 충격으로부터 뇌를 보호하고 있다.

그리고 뇌는 두개골 안의 수액 속에 떠 있기 때문에, 외부로부터 충격을 받아도 이 수액이 충격을 흡수해서 뇌 본체에는 그 충격이 직접 전해지지 않게끔 이루어져 있다(그림 1-1).

뇌혈관에는 '혈액뇌관문(血液腦關門, blood brain barrier, 혈액과 뇌 조직 사이에 존재하는, 내피세포로 이루어진 관문. 다른 장기의 내피세포와는 달리 세포들 사이가 매우 치밀하므로 약물이 잘 투과되지 않는다)'이라는 검문소가 있어서 유해 물질이나 불필요한 물

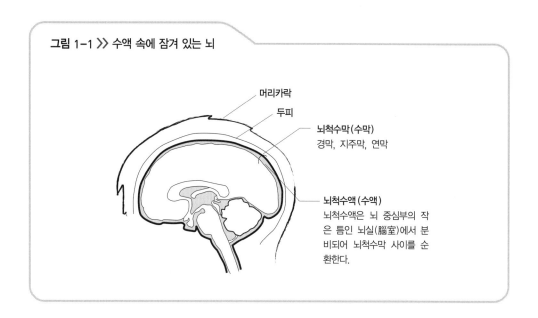

그림 1-1 》 수액 속에 잠겨 있는 뇌

머리카락

두피

뇌척수막 (수막)
경막, 지주막, 연막

뇌척수액 (수액)
뇌척수액은 뇌 중심부의 작
은 틈인 뇌실(腦室)에서 분
비되어 뇌척수막 사이를 순
환한다.

**

뒤에 등장하는(63쪽
참조) 마음의 병을 치
료하는 치료제는 이
혈액뇌관문을 뚫고 들
어갈 수 있는 물질이
어야 한다.

질이 뇌 안으로 들어가지 못하도록 막고 있다.**

뇌철수　우와! 뇌가 물속에 잠겨 있단 말예요?

뇌박사　으음……. 아마도 계란의 노란자위를 떠올려 보면 이해가 빠를 거야.

2. 뇌의 세 부분

인간의 뇌는 무게 약 1.4kg으로 연한 갈색의 부드러운 덩어리이다. 이 덩어리
는 해부학적으로는 대뇌, 소뇌, 뇌간의 세 부분으로 나눌 수 있다. 〈그림 1-2〉
에 다양한 동물의 뇌를 비교, 표시해 놓았다.

● 대뇌

우선 용량 면에서 가장 큰 비율을 차지하고 있는 대뇌(大腦, cerebrum)부터 살
펴보기로 하자. 대뇌는 가장 바깥 부분인 대뇌피질과 뇌간과의 경계에 해당하

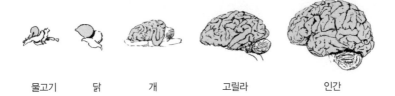

| 물고기 | 닭 | 개 | 고릴라 | 인간 |

뇌박사　이 그림은 뇌 전체의 크기를 비교한 게 아니라 대뇌의 비율을 비교한 거야.

뇌철수　다른 동물에 비해서 인간은 대뇌 비율이 굉장히 크네요. 마치 뇌 전체가 대뇌로 덮여 있는 것 같아요.

는 대뇌변연계(大腦邊緣系)로 나눌 수 있다.

대뇌피 : 대뇌피질(大腦皮質, cerebral cortex)은 두께 약 3mm의 얇은 층으로 인간만이 유독 발달되어 있는 부분이다. 바로 이 대뇌피질을 통해 인간은 고도의 정신 활동을 창조해 낼 수 있다. 진화 과정에서 대뇌피질은 정신 활동의 발달을 통해 표면적이 점차 늘어나, 오늘날에는 신문지 한 장 정도의 면적으로 넓어졌다. 이처럼 늘어난 면적을 수용하기 위해 꼬깃꼬깃 접힌 모양, 즉 복잡한 홈으로 뒤덮인 지금의 인간 뇌의 겉모양이 만들어진 것이다.

대뇌변연계 : 대뇌변연계(大腦邊緣系, limbic system, 그림 1-3)는 간뇌를 에워싸기 위해 존재한다. 대뇌 가운데 마음의 병과 관련이 깊은 부위이기도 하다. 대뇌변연계에는 편도체(扁桃體)와 해마(海馬)라고 불리는 부위가 있다.

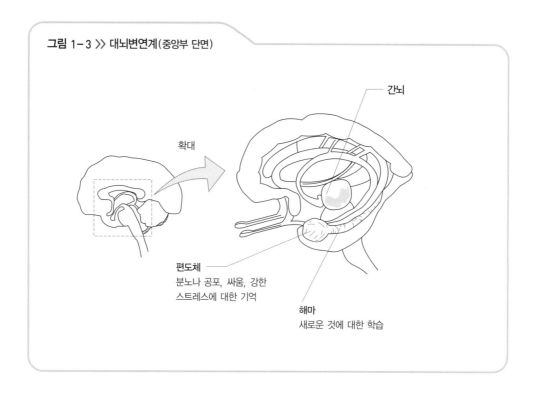

그림 1-3 >> 대뇌변연계(중앙부 단면)

간뇌

확대

편도체
분노나 공포, 싸움, 강한
스트레스에 대한 기억

해마
새로운 것에 대한 학습

● 뇌간과 소뇌

뇌간(腦幹, brain stem, 뇌줄기)과 소뇌(小腦, cerebellum)는 대뇌에 가려서 작게 보이지만(그림 1-4), 생명 유지와 생물로서의 기본 기능을 조절하는 데 없어서는 안 될 중요한 기관이다.

뇌간은 호흡과 체온 등의 기능을 관장하고, 뇌의 중앙에 위치한 소뇌는 신체 운동을 조절하는 기능을 담당하고 있다.

● 뇌의 기본 구조

원래 뇌는 단순한 신경의 모임이었던 것이 오랜 진화 과정을 거치면서 오늘날의 복잡한 모양으로 발달했다.

그 발달 과정을 살펴보면, 먼저 호흡과 체온을 조절하는 뇌간이 발달하고, 다음으로 민첩한 행동을 가능케 하는 소뇌가 발달했다. 그리고 바깥쪽에 있는

그림 1-4 >> 뇌의 구조

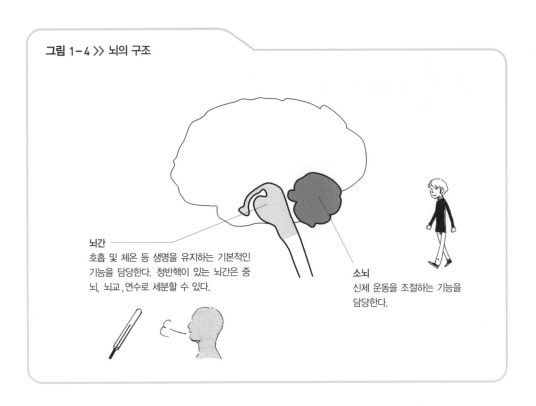

뇌간
호흡 및 체온 등 생명을 유지하는 기본적인 기능을 담당한다. 청반핵이 있는 뇌간은 중뇌, 뇌교, 연수로 세분할 수 있다.

소뇌
신체 운동을 조절하는 기능을 담당한다.

복잡한 정신 활동을 관장하는 대뇌가 발달한 것이다. 따라서 뇌는 안쪽으로 들어갈수록 오래된 부위에 해당한다(그림 1-5).

그림 1-5 >> 뇌의 기본 구조

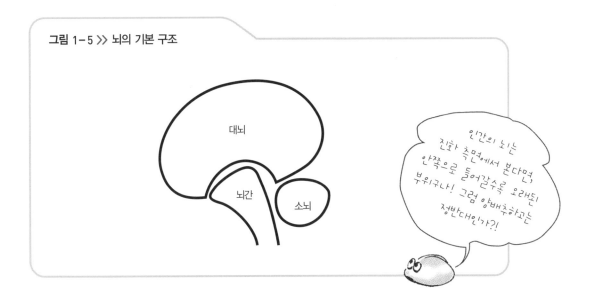

대뇌

뇌간

소뇌

인간의 뇌는 진화 측면에서 본다면, 안쪽으로 들어갈수록 오래된 부위구나! 그럼 양배추하고는 정반대인가?!

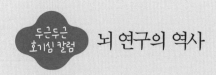

뇌 연구의 역사

    뇌에 손상을 입었을 때, 보기에는 크게 상처가 나지 않았어도 생명을 잃을 수도 있다. 설령 목숨은 건졌다 하더라도 엄청난 후유증을 남기거나 환자의 행동이나 성격에 예측 불가능한 변화가 생긴다는 점에서, 뇌는 인간에게 아주 중요한 부분 이라는 생각은 이미 오래전부터 갖고 있었다.

    그렇지만 뇌는 딱딱한 두개골로 덮여 있고 게다가 내부가 복잡한 구조로 얽혀 있 어서, 어떤 역할을 하고 어떤 기능이 있는지 오랜 세월 동안 베일에 가려져 있었던 것이 사실이다.

    그러나 르네상스 이후 해부학의 발달로 뇌의 특정 부위가 어떤 역할을 담당하는 지 점차 밝혀지면서 19세기에는 대뇌, 뇌간, 소뇌 등의 역할을 각각 규명할 수 있 게 되었다.

    뇌의 손실이 어떤 영향을 끼치는지 알아보기 위한 동물 실험과 뇌에 상처를 입은 사람이나 뇌졸중 환자를 자세히 관찰하면서 뇌의 기능이 좀 더 명확하게 밝혀지게 되었다.

1.2
뇌는 신경세포의 집합체

뇌철수 뇌의 기본 구조는 이 머릿속에 쏙 집어넣었답니다. 다음은 뭐죠?

뇌박사 뇌가 무슨 일을 하고 있는지 알아보기로 하지.
우선 뇌는 어떤 것들이 모여서 이루어진 것인지 혹시 알고 있나? 나
원 참, 인공두뇌에게 뇌에 대해서 질문을 하다니!

뇌철수 어떤 것들이 모여서 이루어진 것인지 알고 있나?

뇌박사 어허, 장난치지 말고…….

뇌철수 으음, 되게 어려운 질문이네요. 뇌는 물컹물컹한 것 같은데, 그렇다고
지방이나 콜라겐 덩어리는 아닌 것 같고.

뇌박사 뇌의 성분은 단백질과 수분 등으로 이루어져 있지. 하지만 내가 지금
자네에게 묻고 있는 것은 구성 요소에 관한 질문이야. 그럼 정답은 비
디오를 보면서 생각해 보기로 하지.

1. 신경세포가 모여서 만들어진 뇌

뇌는 신경세포(神經細胞, neuron, 그림 1-6)의 집합체이다. 뇌는 수많은 신경세포와 이를 지탱하는 조직으로 이루어져 있다. 이것이 바로 '마음'을 만들어 내는 주인공이다.

물론 신경세포는 뇌 안에만 있는 것은 아니다. 인간의 몸속에는 신경세포의 네트워크인 신경계가 쫙 퍼져 있다(39쪽 칼럼 참조).

그러나 뇌 속의 신경세포 밀도는 다른 부위와는 비교가 되지 않을 정도로 높다. 뇌의 내부에는 500억~1000억 개 이상의 수많은 신경세포가 밀집되어 있다. 더욱이 뇌 속의 신경세포는 단순히 그 숫자가 엄청나게 많다는 것에 그치는 것이 아니라, 다른 부분의 신경세포에 비해 상당히 복잡한 기능을 담당하고 있다. 바로 이것이 뇌의 고도의 정보처리 기능을 이해하는 포인트이다.

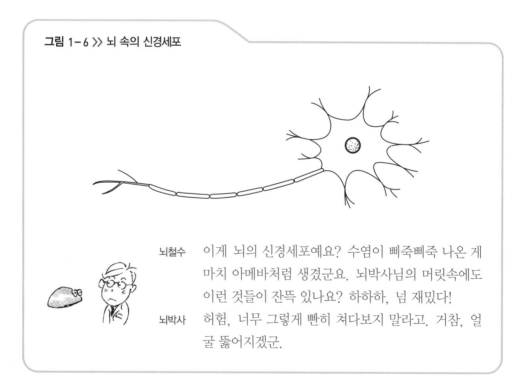

그림 1-6 》 뇌 속의 신경세포

뇌철수　이게 뇌의 신경세포예요? 수염이 삐죽삐죽 나온 게 마치 아메바처럼 생겼군요. 뇌박사님의 머릿속에도 이런 것들이 잔뜩 있나요? 하하하, 님 재밌다!

뇌박사　허험, 너무 그렇게 빤히 쳐다보지 말라고. 거참, 얼굴 뚫어지겠군.

뇌 속의 신경세포의 크기는 다양하며 모양도 둥근 것, 가느다란 것, 삼각형 등 천차만별이다.

2. 중추신경과 말초신경

신경계는 말초신경계와 중추신경계** 두 가지로 분류할 수 있다. 이 가운데 뇌는 중추신경계에 속한다.

말초신경(末梢神經)은 눈, 코, 입, 귀, 피부 등의 감각기관이 감지한 외계 및 생체 내의 정보를 중추신경으로 전달한다. 중추신경(中樞神經)은 말초신경에서 수집한 정보를 판단하여 명령을 내리고, 이 명령을 말초신경에 전달한다. 이른바 중추신경은 신체의 사령탑이라고 할 수 있다.

뇌철수 근데 신경세포가 모이면 '마음'이 탄생한다는 게 얼른 이해가 되지 않는데요?

뇌박사 사실 그 부분은 아직 정확하게 밝혀진 것은 아니야. 하지만 신경세포가 모여서 복잡한 회로를 형성해 나간다는 점에 열쇠가 있다는 것만은 확실한 사실이지.

**
중추신경계 : 뇌와 척수는 중추신경에 속한다. 척수는 반사 의 중추이다.

1.3
신경세포의 기능

1. 전기 신호를 받아들이는 수상돌기

그렇다면 뇌 속의 신경세포를 좀 더 자세히 그린 그림을 살펴보기로 하자(그림 1-7).

그림에서 보는 바와 같이 세포체에서 삐죽 나와 있는 돌기를 수상돌기(樹狀突起, dendrite)라 하고, 세포체와 연결되어 있는 부분을 축색돌기(軸索突起, axon)라 한다.

신경세포의 세포체에 정보가 전달되면 세포체는 흥분을 하고 그 흥분은 전기 신호로 축색돌기에 전해져 축색돌기의 말단(신경 말단)으로 전도(傳導)된다. 축색돌기는 전기 신호를 신경 말단으로 전달하는 전깃줄과 같은 기능을 담당한다.

여기에서 말하는 전기 신호란 우리가 흔히 알고 있는 전원용 콘센트에 흐르는 전류가 아니다. 세포 안과 밖의 전위차에서 발생하는 지극히 미미한 전기 파동을 말한다.

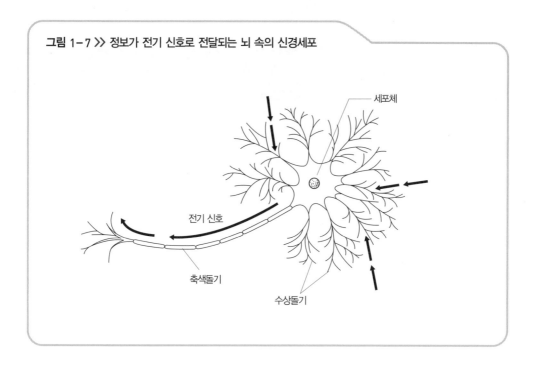

그림 1-7 ≫ 정보가 전기 신호로 전달되는 뇌 속의 신경세포

세포체

전기 신호

축색돌기

수상돌기

뇌철수 우와, 아까보다 수염이 늘어났어요! 그것도 털이 보슬보슬 난 수염!

뇌박사 표현 한번 리얼하군.

뇌철수 축색돌기는 일종의 전깃줄 같은 역할을 하는 거군요. 근데 저 수염처럼 생긴 것은 어떤 일을 하죠?

뇌박사 하하하! 수염이 아니라 바로 수상돌기야. 정보(신호)를 받아들이는 입구지.

2. 전기 신호가 '생각'을 꽃피우기까지

● 복잡한 회로

수상돌기는 다른 신경세포 말단에 휘감기듯 근접해서 그 신경세포가 갖고 있던 신호를 감지한다 (그림 1-8).

그림 1-8 >> 신호의 흐름

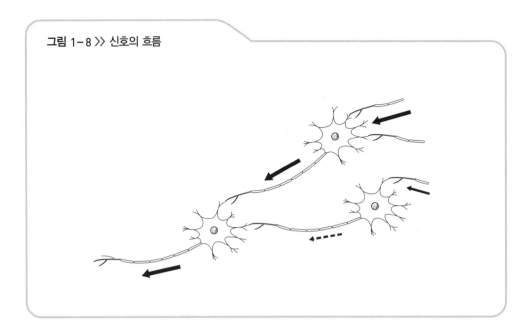

하나의 신경세포에는 1만~10만 단위의 수상돌기가 뻗어 나와 있다. 인간의 머리카락이 10만 올 정도 된다고 하니까 참으로 엄청난 숫자라 할 수 있다. 이와 같이 하나의 신경세포에는 어마어마한 숫자의 정보 수신처가 있고, 또 그 신경세포가 방대하게 모인 뇌라는 존재는 굉장히 복잡한 회로를 형성할 수밖에 없다.

● 도중에 사라지는 신호도 있다

수상돌기를 통해 신경세포의 세포체에 전달된 모든 신호가 고스란히 축색돌기로 흐르는 것은 아니다. 일정량 이상의 신호가 세포체에 전해졌을 때 신호가 증폭되어서 축색돌기로 흘러간다. 그러나 일정량 이하의 신호에는 세포체가 반응하지 않아 축색돌기로 흘러가지 않는다. 결과적으로 다음 신경세포로 전달되지 못한 신호는 조용히 사라지고 만다.

이런 신호의 흐름과 취사선택의 반응 고리가 무수히 일어나고, 그 결과 우리의 사고와 감정이 탄생하는 것이다.

뇌철수　흠~, 사람의 '사고'나 '감정'이란 무지 복잡한 작업을 통해서 이루어지는구나.

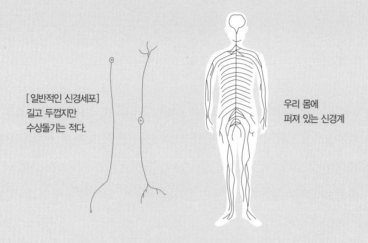

1.4
신경세포와 신경세포의
접합부

1. 시냅스

광학현미경으로 관찰하면 신경세포는 서로 연결되어 있는 것처럼 보인다. 그러나 전자현미경으로 보면 하나의 신경세포와 인접한 또 다른 신경세포 사이에는 약간의 틈이 있다. 이는 20~30나노미터(nm, 1나노미터 = 1^{-9}m) 정도의 아주 작은 틈으로 1950년대에 전자현미경이 등장하기 전까지는 확인할 수 없었다 (214쪽, 그림 6-1 참조).

이 틈을 신경과 신경의 접합부에 있는 틈이라는 의미로, 시냅스(synapse, 그림 1-9)라고 한다. 시냅스는 그리스어로 '이음새'라는 뜻이다. 앞에서 설명했듯이 신경세포에 전해지는 신호는 전기 신호이다. 그런데 이 전기는 시냅스를 뛰어넘어 갈 수 없다.

뇌철수   어, 뛰어넘어 갈 수 없다니! 그렇다면 다른 신경세포로 정보를 전해 줄 수 없잖아요?

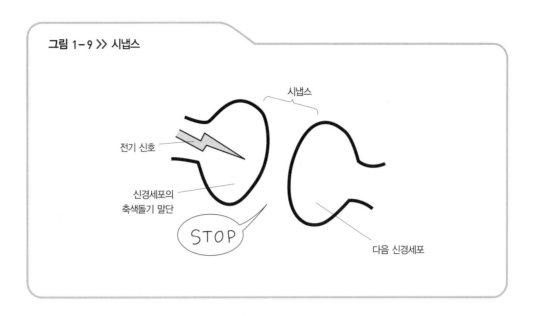

그림 1-9 >> 시냅스

시냅스

전기 신호

신경세포의
축색돌기 말단

STOP

다음 신경세포

뇌박사   하하하, 그러게. 바로 그 점이 불가사의하면서도 재미있어. 마치 마법
처럼 신호가 변신을 하거든.

뇌철수   변신이요? 수리수리 마수리?

2. 시냅스에서 이루어지는 화학적 전달

● 신경전달물질의 교환

전기 신호는 어떻게 변신을 할까?

신경세포의 말단에는 시냅스 소포(小胞)라는 주머니가 있는데, 바로 이 주머
니에 '신경전달물질(화학물질)'이 들어 있다.

전기 신호가 신경세포 말단에 도착하면 소포 안에 들어 있는 신경전달물질이
시냅스 안으로 방출된다.

바로 인접한 신경세포의 수상돌기 표면에는 리셉터(receptor, 受容體)라 불리
는 신경전달물질의 수용체가 있다. 이 리셉터가 신경전달물질을 받아들인 후

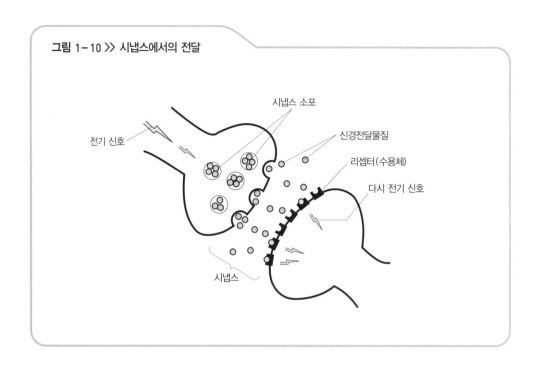

그림 1-10 >> 시냅스에서의 전달

시냅스 소포

전기 신호

신경전달물질

리셉터(수용체)

다시 전기 신호

시냅스

전기 신호를 발생시켜서 세포체에 신호(정보)를 보내게 된다(그림 1-10).

뇌철수　뭐랄까, 릴레이 경주를 할 때 다음 주자에게 넘기는 배턴터치 같은 건
　　　　가요? 좀 헷갈리네요.

뇌박사　배턴터치하고는 좀 다르지. 그림을 보자고.

뇌박사　말하자면 그림에서 보는 것처럼 전기 신호가 신경전달물질로 변신해
　　　　서 다음 세포로 정보를 전달하는 거지.

뇌철수　아, 알았다! 전기 신호라는 전철을 타고 가다 해협에 이르러서는 짠 하
　　　　고 변신, 신경전달물질이라는 배로 갈아타는 거구나!

신경전달물질과 마음의 관계

1. 다양한 신경전달물질

신경전달물질은 신경세포와 신경세포 간에 서로 정보를 주고받는 과정에서 꼭 필요한 존재이다.

신경전달물질에는 수많은 종류가 있어서** 접속하는 신경세포의 활동을 자극하는 물질에서부터 억제하는 것까지 매우 다양하다. 이 신경전달물질의 활동이 뇌에 있는 신경세포에 영향을 미치고, 결과적으로 인간의 마음에 영향을 주게 된다.

2. 마음의 병의 기본 원칙

어떤 원인으로 인하여 뇌의 신경전달물질의 양이 변하거나 제 기능을 다하지 못할 때가 있다. 그러면 뇌내 신경세포가 그 영향을 받아서 활력이 떨어지

**
신경전달물질은 그 종류가 수백 개가 넘는 것으로 추정되고 있는데, 이 가운데는 아직 확인되지 못한 것도 많다. 지금까지 밝혀진 신경전달물질은 60개 정도. 하등 동물의 경우 신경전달물질의 종류가 몇 개 되지 않지만, 인간에게는 무수히 많은 신경전달물질이 존재한다. 이 수많은 신경전달물질이 하등 동물과 달리 인간을 인간답게 만드는 데 큰 역할을 하고 있다고 여겨지고 있다.

고 우울감에 빠지거나 지나친 불안, 흥분 등의 감정이 나타난다.

요컨대 인간은 신경전달물질의 기능이 정상이어야, 정신도 정상적인 상태를 유지하는 것이다.

> 인간은 신경전달물질의 기능이 정상일 때
> 정신도 정상적인 상태를 유지한다.

뇌철수 앗, 깜짝이야! 고막 터지는 줄 알았어요.

뇌박사 미안 미안. 중요한 부분이라서 볼륨을 높였어. 꼭 기억해야 할 내용이라서 말이야. 이게 바로 마음의 병에 관한 기본 원리야.

뇌철수 넵!! 꼭 기억하겠습니다. 그럼 반대로 신경전달물질의 기능이 비정상일 때 정신 상태도 비정상이라는 말이 되겠군요.

3. 마음의 병과 깊은 관련이 있는 신경전달물질

수많은 신경전달물질 가운데 마음의 병과 깊은 연관이 있는 것으로는 세로토닌, 노르에피네프린, 도파민 등 세 가지를 꼽을 수 있다(그림 1-11).

세로토닌(serotonin) : 세로토닌이 부족하면 우울한 기분에 빠지거나 불안감이 엄습해 온다. 그 결과 식욕·수면장애를 초래하기 쉽다. 우울증(57쪽 참조), 공황장애(83쪽 참조), 강박장애(137쪽 참조)와 관련이 있다.

노르에피네프린(norepinephrine) : 노르에피네프린(=노르아드레날린)은 에피네프린(epinephrine)과 유사한 작용을 하지만, 정신 활동에서는 노르에피네프린이 더

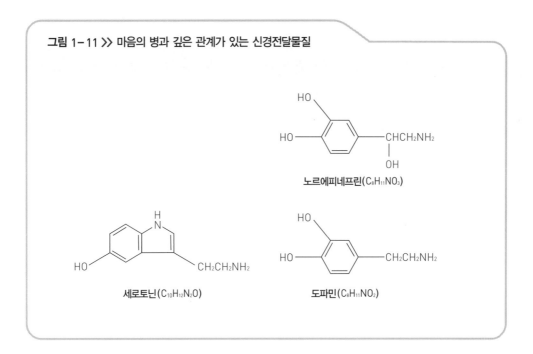

그림 1-11 >> 마음의 병과 깊은 관계가 있는 신경전달물질

노르에피네프린($C_8H_{11}NO_3$)

세로토닌($C_{10}H_{12}N_2O$)

도파민($C_8H_{11}NO_2$)

깊이 관여하고 있다. 위험을 느끼면 교감신경에서 이 물질의 방출량을 늘리기 때문에 불안이나 공포감을 조성하게 된다. 의욕과도 관련이 있다. 노르에피네 프린이란 에피네프린에서 N-메틸기가 떨어진 물질이라는 뜻이다.

도파민(dopamine)： 도파민은 다양한 기능을 갖춘 신경전달물질이다. 특히 운동과 관련해 중요한 역할을 담당하고 있다. 도파민이 부족하면 근육을 움직이기 어려운 파킨슨병(Parkinson's disease)에 걸리며, 반대로 도파민이 과다하게 분비되면 환각 증상이 나타난다(정신분열병, 109쪽 참조). 또한 쾌락이나 새로운 것에 몰두하는 동기부여와도 관련이 있다.

이 세 가지의 신경전달물질은 아미노기(-NH_2)를 1개만 갖고 있기 때문에 모노아민(monoamine)이라고 부르며(그림 1-11), 감정과 정신 증상에 큰 영향을 미친다.

예를 들면 우울증에서 흔히 볼 수 있는 증상 가운데 불안 증상은 세로토닌의 부족, 의욕 상실은 노르에피네프린의 부족, 쾌감 상실은 도파민의 부족이 그 원인인 것으로 알려져 있다.

4. 그 밖의 신경전달물질

그 밖에도 많은 신경전달물질이 존재한다.

아세틸콜린(acetylcholine) : 최근에 발견된 신경전달물질로 지적 활동, 기억과 관련이 있다. 뇌 이외에 심장과 근육신경에도 존재한다.

GABA(gamma-aminobutyric acid) : 억제성 전달물질로 불안이나 경련과 관련이 있다. 알코올은 GABA의 작용에 영향을 미쳐서 불안감을 덜어 준다. 노르에피네프린의 활동을 억제한다.

에피네프린(epinephrine) : 교감신경의 흥분을 고취시켜 혈압 상승과 당 분해를 촉진한다.

글루탐산(glutamic acid) : 정보 전달의 주인공. 뇌 신경세포 간의 정보 전달 가운데 반 정도가 이 글루탐산과 연관이 있다. 기억에 영향을 미친다.

글리신(glycine) : 억제성 전달물질. 글리코골 또는 아미노아세트산이라고도 한다.

메트-엔케팔린(Met-enkephalin) : 신경 활동을 촉진한다.

엔케팔린(enkephalin) : 신경 활동을 억제한다.

서브스탠스(Psubstance P, P 물질) : 통각(痛覺) 정보 전달에 관여한다.

그 밖에도 수많은 신경전달물질이 있다. 바로 이 신경전달물질이 우리의 마음을 창조해 내는 주인공들이다. 이 물질들 가운데는 활발한 활동을 펼치는 것이 있는가 하면 그렇지 않은 것도 있다. 마찬가지로 신경 활동을 촉진하는 것이 있는가 하면 억제하는 물질도 있다.

제 2 부

마음의 병과 증상

마음의 병에 대한 구체적인 증상과 치료법에 대해 소개하려고 한다.

특히 우울증, 공황장애, 정신분열병에 대해 자세히 알아보기로 한다.

드디어 본론으로 들어가는군! 정신 바짝 차려야지······.

뇌박사　자, 이제 마음의 병에 대해서 본격적으로 공부해 보자고.

뇌철수　앞에서는 뇌에 대해서만 공부했잖아요. 물론 마음이 있는 곳이 바로 뇌지만…….

뇌박사　뇌는 신경세포의 집합체이고, 신경세포와 신경세포 사이에서 메신저 역할을 하는 신경전달물질이 변화무쌍한 마음을 창조해 내는 주인공이라는 사실을 배웠지.

뇌철수　신경전달물질이 정상적으로 기능하지 않으면 마음의 병이 찾아온다는 것도 공부했고요.

뇌박사　맞아. 신경전달물질이 과다하게 분비되거나 반대로 너무 적게 나와도 마음이 시름시름 앓게 되지.

뇌철수　단순하면서도 명쾌해서 좋군요. 그럼 마음의 병의 진단이나 치료도 간단하겠는걸요.

뇌박사　아냐, 그건 아니지. 마음의 병은 신경전달물질이 원인인 것은 분명하지만, 그 이상 징후나 나타나는 양상이 천차만별이야. 바로 그 점이 특징이라면 특징이라고 할 수 있지.

뇌철수　으음, 왠지 더 긴장되는걸요. 자, 그럼 마음의 병, 버튼 누릅니다.

2.1
마음의 병의 분류

마음의 병의 공통점은 신경전달물질의 교란에 기인하지만, 겉으로 드러나는 증상은 제각기 다른 양상을 띤다. 현재 정신의학에서는 겉으로 드러나는 증상을 바탕으로 질병을 분류하고 있다(127쪽 참조).

여기에서는 마음의 병을 네 그룹으로 나누어서 설명하려고 한다. 다만 네 그룹 가운데 마지막 부분은 '기타'로 분류해 두었기 때문에, 그 종류는 크게 세 가지라고 할 수 있다. 우선 각 그룹과 관련해 대략적인 개요를 설명하고, 그룹별 증상을 구체적으로 살펴보기로 하자(56쪽 표 2-1 참조).

1. 기분장애

● 기분이 장애를 겪는다?!

정신 상태 가운데 '기분'에 주목해서 분류한 것이 '기분장애(氣分障碍, mood disorder)'이다. 기분장애에서 말하는 '기분'이란 순간적인 감정이 아닌, 길고 계속 이어지는 감정을 의미한다.

뇌철수　기분이 순간적인 감정이 아닌 길고 쭈욱 이어지는 감정이라……. 음,
　　　　예를 들면 어떤 거죠?

뇌박사　'룰루랄라'라는 말 혹시 알아? 무지 신나고 기분 좋을 때 '룰루랄라'
　　　　라고 표현하지. 그 룰루랄라가 쭈욱 지속되는 거.

뇌철수　선생님 근데요, '룰루랄라'라는 말은 요즘 신세대들은 잘 몰라요. 애
　　　　들한테 그런 말 쓰면 '쉰세대'라고 왕따당할걸요.

● **기분장애의 분류**

　〈그림 2-1〉과 같이 기분장애는 우울증이 주축을 이룬다. 이 가운데 주요 우
울증을 앓고 있는 환자가 가장 많은데, 우울증의 전형적인 증상(128쪽 참조)이 다
섯 가지 이상 나타날 때 주요 우울증이라 한다.

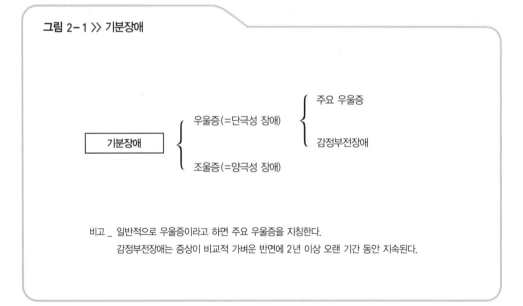

그림 2-1 》 기분장애

기분장애 {
　우울증(=단극성 장애) {
　　주요 우울증
　　감정부전장애
　}
　조울증(=양극성 장애)
}

비고 _ 일반적으로 우울증이라고 하면 주요 우울증을 지칭한다.
　　　감정부전장애는 증상이 비교적 가벼운 반면에 2년 이상 오랜 기간 동안 지속된다.

우울한 상태와 우울증의 상관도

우울증과 우울한 상태 사이에는 사실 명확한 차이가 없다.

진단 기준(128쪽 참조)에 비추어서 일정한 기준 이상의 우울 증상(예를 들면 불면, 식욕 부진, 기분 저하)이 있는 사람을 우울증이라고 진단한다. 비교적 가벼운 경우에는 우울한 상태라고 말한다.

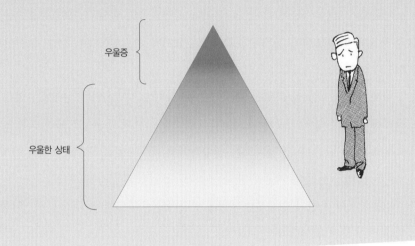

2. 불안장애

● 지나친 불안감으로 괴로워한다

불안이라는 감정에 주목한 것이 '불안장애(不安障碍, anxiety disorder)'이다. 이 그룹의 공통점은 불안해할 필요가 없는 상황에서도 불안해하거나, 정도 이상으로 지나치게 불안해한다는 점이다. 그러나 '불안'이라고 한마디로 뭉뚱그려 말해도 환자가 느끼는 불안에는 여러 가지가 있다.

● **불안장애의 분류**

예를 들면 꼬리에 꼬리를 무는 고민으로 조여 오는 듯한 불안이 느껴지는 경우(범불안장애)나, 불안을 조절하는 뇌의 불안센터가 오작동해서 발작이 생기는 공격적인 불안(공황장애) 등이 있다(그림 2-2).

● **불안장애는 연구가 현재진행형인 질병**

과도한 불안으로 고통받는 불안장애의 경우 10년 전까지만 해도 신경증 혹은 노이로제와 같은 그룹에 속했다. 그러나 정신의학의 발달과 함께 신경증을 좀 더 세분화할 필요성이 제기되었고, 그 증상이나 치료법도 다르다는 사실이 밝혀졌다.

실제 불안장애를 앓고 있는 환자 수는 굉장히 많지만, 일반인에게는 널리 알려지지 않은 질병이기도 하다. 그러나 갑자기 심장이 두근두근하며 공황 발작(다양한 증상이 나타난다)이 찾아오는 공황장애와, 손을 씻고 또 씻는 등의 증상을 보이는 강박장애 등은 최근 일반인들에게도 조금씩 알려지기 시작했다.

기분장애와 마찬가지로 불안장애에서 나타나는 과도한 불안도 신경전달물질의 교란이 주된 원인이다.

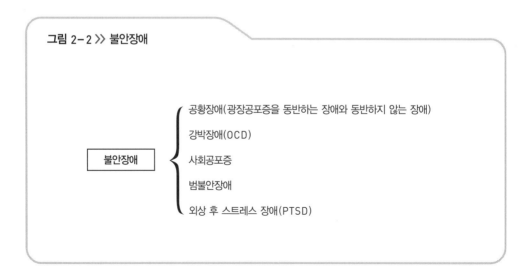

그림 2-2 》 불안장애

불안장애 {
공황장애(광장공포증을 동반하는 장애와 동반하지 않는 장애)
강박장애(OCD)
사회공포증
범불안장애
외상 후 스트레스 장애(PTSD)

3. 정신분열병

마음의 병의 종류는 아주 많지만 단순히 정신병이라고 하면 '정신분열병(精神分裂病, schizophrenia)'을 지칭하는 경우가 많다. 이와 같은 사실에서도 알 수 있듯이 정신분열병은 정신과에서 치료하는 질병 가운데 가장 대표적인 것이다. 현재 정신과 외래를 찾는 환자를 보면 기분장애나 불안장애를 앓는 환자가 대부분이고, 정신과에 입원하는 환자의 경우는 정신분열병 환자가 많다.

이 질병의 원인은 아직 정확하게 규명되지는 않았으나, 역시 신경전달물질의 하나인 도파민의 과잉 생성으로 환각이나 망상 증상이 나타나는 것으로 알려져 있다.

4. 기타

마음의 병은 이와 같이 크게 세 가지로 나눌 수 있다. 그러나 이 밖에도 우리가 평소에 뉴스 등에서 자주 접할 수 있는 정신 질환이 있다.

이 질환들에는 예전부터 알려져 있던 질환, 예를 들면 치매성 질환이나 불면증도 있지만, 요즘 들어 화제가 되기 시작한 질환, 예를 들면 수면무호흡증후군, 주의력 결핍 과잉행동장애(ADHD) 등이 있다. 이 질병들의 원인은 다양하다. 신경전달물질의 교란에 기인하는 질환도 있고, 뇌 기능의 발달 장애나 뇌의 손상 등에 그 원인이 있는 것도 있다.

표 2-1 ≫ 마음의 병

그룹	병명
1. 기분장애(감정장애)	• 단극성 장애(주요 우울증, 감정부전장애) • 양극성 장애(조울증)
2. 불안장애	• 공황장애 • 강박장애(OCD) • 사회공포증 • 범불안장애 • 특정 공포증 • 외상 후 스트레스 장애(PTSD)
3. 정신분열병[*1]	
4. 신체형 장애	• 전환장애[*2] • 신체화 장애
기타 질환	• 알츠하이머병 • 알코올이나 약물 등의 의존증 • 수면장애(불면증, 수면무호흡증후군, 지연성 수면주기증후군) • 거식증, 폭식증 등의 식사장애 • 성(性)정체성 장애
소아 질환	• 전반적 발달장애(자폐증) • 주의력 결핍 과잉행동장애(ADHD) • 분리불안장애

(DSM-IV-TR에서)

• 하루가 다르게 발전하고 있는 정신의학은 새로운 지식에 따라 그 분류 및 질병 명칭이 변화를 거듭하고 있다.
• '신경증 = 노이로제'의 경우, 국제 분류상으로는 없어졌지만 지금도 '신경증'은 병명으로 불릴 때가 있다.
• 정신장애는 정신과 질환의 총칭이다.

[*1] '정신병'이라고 하면 보통은 '정신분열병'을 말한다.
[*2] 심리적인 스트레스가 계기가 되어 일어나는 질환이지만, 기본적으로는 신체 질환에 속한다.

2.2 기분장애
우울증

뇌박사　자, 그럼 이제부터 마음의 병에 대해 하나하나씩 구체적으로 알아보기로 하지. 첫 번째 시간은 우울증이야.

뇌철수　우울증은 왠지 대충 어떤 병인지 알 것 같아요. 기분이 우울 모드로 바뀌는 거, 힘도 하나도 없고 꿀꿀한 거 아닌가요?

뇌박사　물론 '우울하다'는 지적은 맞아. 근데 우울증하고 단순히 기분이 우울하다는 건 분명 다른 얘기지.

뇌철수　음……. 박사님 얘길 듣고 보니 확실히 그렇군요. 그럼 우울증이란 어떤 병이죠?

어떤 질병?

● 감정의 리듬이 없어지고, 기분이 푹 가라앉은 상태가 지속된다

　대학 입시 실패, 실연, 업무상 문제, 가족과의 이별 등 살아가는 동안 예기치 않은 사건·사고를 만날 때가 있다. 이럴 때는 누구나 우울한 기분을 맛보게 된다. 또 살다 보면 별 다른 사건·사고가 없어도 왠지 기분이 우울해지고 기운이 빠지는 경우도 있다. 하지만 보통 우울한 기분은 시간과 함께 점점 회복되어서 예전의 밝은 기분을 되찾게 된다.

그런데 가라앉은 기분이 계속 이어지는 것이 바로 '우울증'이다. 심한 경우 우울감이 몇 년이고 지속되는 경우도 있다.

뇌철수 말도 안 돼! 우울한 기분이 몇 년이나 쭈~욱 지속된다고요?
뇌박사 우울증 환자를 보면 우울감이나 피로감 때문에 학교나 직장에 다니지 못하고 하루 종일 집에만 있는 경우도 있지.
뇌철수 아하! 알았다. 요즘 신문 지상을 떠들썩하게 하는 '방콕족(방안에 틀어박혀 사는 사람들)'을 말하는 거죠?
뇌박사 그렇지. 그런 사람들 중에도 우울증 환자가 있어.

● **본인이 아무리 노력해도 우울한 기분을 떨쳐버릴 수 없다**

우울증은 본인의 노력 여하에 따라 나을 수 있는 병이 아니다. 이것이 첫 번째 포인트! 본인의 노력이 부족하다거나 게으름, 의지 박약과는 전혀 상관이 없는 우울증은 치료가 꼭 필요한 질병이다.

뇌철수 절대 우습게 봐서는 안 되는 무서운 병이군요!
뇌박사 물론이지. 게다가 환자 수도 엄청 많아. 우울증은 정신의학에 있어서 아주 중요한 테마 가운데 하나지.

1. 우울증의 시초

실제 우울증이 발병하면 어떤 증상이 나타날까? 전형적인 우울증 환자인 우울 씨(남성, 50세, 직장인)를 통해 좀 더 자세히 알아보기로 하자.

● SCENE 01 _ **겨울의 조짐**

우울 씨는 지난 연말부터 왠지 불안하고 사소한 일에도 예민한 반응을 보였다. 그렇게 좋아하던 골프에도 흥미가 없어졌다. 언제나 깔끔한 외모와 주변 정리로 유명했던 우울 씨였지만, 언제부턴가 모든 게 다 귀찮게 여겨지고 책상 정리는커녕 목욕하는 일도 버겁게만 느껴졌다.

그런 우울 씨의 변화를 주위에서도 감지할 수 있을 만큼 상태가 나빠졌다. 부하 직원에게 내리는 지시를 하루에도 몇 번이나 번복해서 직원들을 당황케 한 적도 많았다. 그런 실수가 우울 씨를 더 우울하게 만들었다. 시간이 지나면서 우울한 기분뿐만 아니라 초조, 불안, 분노 등의 부정적인 감정이 늘어갔다.

극심한 피로감   불안 · 초조

뇌철수　어? 근데 분노의 감정을 느낀다는 것은 아직 에너지가 있다는 증거 아
　　　　닌가요?

뇌박사　아니, 그건 노여움이라기보다는 자신에 대한 자책에 가깝지.

해설 1 〉〉 우울증 환자라고 해서 마냥 우울한 기분에만 빠져 있는 것은 아니다. 발병 초기에는
업무 능력 저하에 따른 자괴감 때문에 초조감을 느끼는 경우도 있다. 이는 열정의 표출이 아닌 음
성적인 노여움, 즉 명확한 대상이 없는 초조감이라고 할 수 있다. 불안·초조도 우울증의 신호 중
하나다.

● SCENE 02 _ 몇 주 동안 우울감이 깊어만 간다

　회사에 휴가를 내고 쉬어 봐도 매한가지인 우울 씨. 기분은 계속 바닥으로 떨
어지고, 불면에 시달리는 밤이 이어지면서 몸과 마음 모두 피곤하기만 하다.

　가라앉은 기분과 설명할 길 없는 불안이 몇 주 동안 지속되면서 우울 씨는 하
루하루가 버겁기만 하다. 점점 옛날로 다시 돌아갈 수 없을지도 모른다는 두려
움에 자살 충동을 느낄 때도 있다.

　처음에는 '이렇게 괴롭다면 차라리 죽는 편이 낫다'고 막연하게 생각하다가
그런 생각이 구체적으로 자리 잡기 시작한다. 높은 건물의 옥상에서 멍하니 아래
를 내려다보고 있는 자신을 발견하고 깜짝 놀랄 때도 있다.

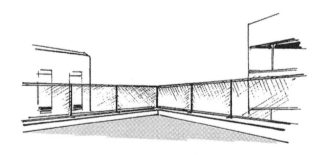

해설 2 〉〉 우울증 환자 가운데는 우울 씨와 같이 자살을 생각하는 이들이 많다. 이를 '자살 반추'

라고 한다. 이 생각의 바탕에는 자기 부정과 같은 논리적인 근거는 전혀 없다. 단지 극심한 절망 감에서 벗어나는 길은 자기 존재의 소멸이 가장 훌륭한 선택이라고 생각하는 것이다. 대부분의 환자는 막연하게 죽으면 좋겠다는 생각에서 점차 구체적인 실행 방법을 떠올리게 된다. 그러나 자살하는 데에도 에너지가 필요하기 때문에 우울증이 아주 심해지면 자살할 가능성은 오히려 감 소한다고 보고 있다.

뇌철수   근데 박사님! '자살 반추'라는 말, 정확한 표현 같기는 한데 왠지 좀 뉘앙스가 그런데요.

뇌박사   정신의학 용어 중에는 자네 말처럼 표현이 노골적이고 기분 나쁜 느낌 이 드는 게 좀 많지. 그건 그렇고 우울증 환자의 대부분이 자살을 생각 한다고 해. 한국에서 발표한 통계 자료에 따르면 2005년 1년 동안 자 살한 사람 가운데 80%가 우울증 환자라고 하더군.

뇌철수   자살이라……. 우울증의 가장 위험한 측면이군요.

● SCENE 03 _ 봄, 병원에 가다

추운 겨울이 거의 끝날 즈음 햇살은 따사로워졌지만 우울 씨의 우울은 더 깊 어지기만 했다. 그에겐 이제 흐드러지게 핀 개나리를 쳐다볼 기력조차 없었다. 식욕도 없고, 밤에 잠을 이룰 수도 없었다. 만사가 귀찮아지고 마치 불행만이 자신과 동고동락하는 것 같았다. 하루가 다르게 마르는 우울 씨를 곁에서 지켜 보던 가족들은 병원에 갈 것을 강권했다.

망설이던 우울 씨가 드디어 결연히 정신과 문을 노크했다.

$$\boxed{\text{정신과}}$$

우울 씨가 의사에게 말하는 내용에는 온통 비관적인 말투성이고 두서가 없었다. 우울 씨는 이맛살을 잔뜩 찌푸리고, 불안감을 단적으로 보여 주듯 손발을 떨고 있었다. 이따금 자살을 암시하는 말을 하는 점에서도 사태의 심각성을 알 수 있었다.

의사는 우울 씨에게 주요 우울증이라는 진단을 내리고, 자살 반추의 증상이 보이므로 혼자 지내게 하는 것은 위험하다고 판단해 입원 치료가 필요함을 가족들에게 전했다.

또한 우울 씨가 마음 놓고 치료를 받을 수 있게 회사에는 휴가원을 제출할 것을 권했다. 그리고 입원한 우울 씨에게 수면제를 처방해 우선 충분히 수면을 취할 수 있도록 조치했다.

해설 3 〉〉 주요 우울증 환자의 경우, 몸과 마음의 휴식이 필요하다. 자살 방지를 위해 심신의 휴식을 도모하고 잠시 일을 쉬게 하는 등 제대로 휴식을 취할 수 있는 환경을 마련해 주는 것이 무엇보다 중요하다. 또한 우울증은 '마음의 에너지'가 바닥이 난 상태이기 때문에 편안하게 수면을 취하면서 심신의 에너지를 회복하는 것이 급선무다. 이때 가족의 이해가 필수적이다.

뇌철수 그럼 이제부터 어떤 식으로 치료를 하는 거죠?

뇌박사 우울 씨는 프롤로그에서 살펴본 우울 양보다 증상이 심각한 것 같은데⋯⋯. 우선은 심각한 불안감을 덜어 줄 수 있는 약물치료부터 시작할 것 같군.

뇌철수 우울 양의 경우에는 그때 분명 항우울제와 수면제를 처방해 줬는데, 맞죠? 근데 정신과에서 처방해 주는 약은 먹으면 우리 몸에 어떤 작용을 하나요?

뇌박사 수면제는 좀 다르지만, 정신과에서 처방하는 대부분의 약은 뇌 신경
전달물질의 균형을 바로잡는 작용이 있어. 마음의 병은 신경전달물질
의 이상으로, 대부분 그 양이 적거나 혹은 지나치게 많기 때문에 생기
는 것이니까. 이를 바꿔 말한다면 신경전달물질이 균형을 되찾으면
정신 상태가 정상으로 돌아올 수 있다는 뜻이지. 그래서 이를 위한 약
을 처방하는 것이고.

뇌철수 으음, 근데 말이죠. 그게 정말 가능해요? 신경전달물질의 불균형을
약으로, 그러니까 인위적으로 바로잡는 일이요? 그런 일이 정말 가
능한가요?

뇌박사 바로 그런 일을 가능하게 하는 것이 현대 정신의학이라고 할 수 있지.

2. 발병 메커니즘과 약물치료

● 세로토닌 및 GABA의 균형이 깨지다

인간의 뇌 속에는 수많은 신경전달물질이 존재한다. 그 가운데 우울이나 불
안 증상에 관여하는 물질이 세로토닌과 GABA이다. 이들 신경전달물질에는
흥분이나 불안을 잠재우고 쾌감이나 평온함을 유도하는 기능이 있다. 스트레스
등의 원인으로 이들 물질의 양이나 활성도가 부족하거나 다른 신경전달물질과
비교해 상대적으로 감소하면, 걷잡을 수 없는 불안감이나 푹 가라앉는 기분을
맛보게 되면서 우울증에 걸린다고 알려져 있다.

따라서 정신과 의사는 이러한 물질의 불균형 상태를 해소하기 위해 세로토닌
부족에 대해서는 SSRI를, GABA의 활성 부족에는 벤조디아제핀(benzodiazepine)
이라는 항불안제를 투여한다.

우선 벤조디아제핀부터 살펴보기로 하자.

● 벤조디아제핀 _ 불안감을 덜어 주는 약

GABA의 활성 부족 : 우울 씨를 괴롭히고 있는 어마어마한 불안감은 뇌에서도 비교적 오래된 부위에 해당하는 뇌간(腦幹)의 청반핵(靑斑核, 그림 2-3)에서 분비되는 GABA의 활성 부족에 기인하는 것이다. 신경을 흥분시키는 노르에피네프린의 활동이 과다해지면 불안감이 엄습해 온다.

GABA는 억제성 신경전달물질로 그 활성도가 약해지면 노르에피네프린의 활동을 억제하지 못하기 때문에 결과적으로 불안감을 느끼게 되는 것이다.

벤조디아제핀은 GABA의 수용체와 결합한다 : 벤조디아제핀을 복용하면(경구 투여), 위나 장에서 흡수되어 혈액 속으로 들어가 혈류를 타고 체내 곳곳으로 운반된다. 이 가운데 일정량은 혈액뇌관문을 통과해 뇌 속으로 들어가게 되고, 주성분은 신경세포의 시냅스에 도달한다.

벤조디아제핀은 GABA와 구조가 흡사하다. 따라서 뇌의 청반핵에 도착한 벤조디아제핀은 시냅스에 있는 GABA를 받아들이는 수용체에 GABA 대신 결

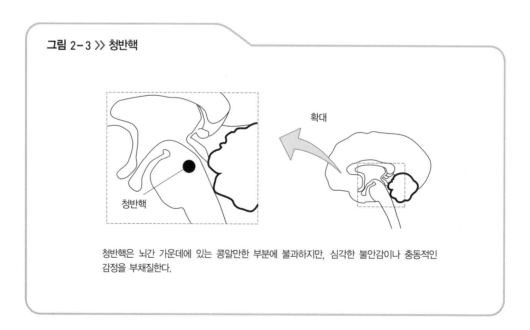

그림 2-3 》 청반핵

확대

청반핵

청반핵은 뇌간 가운데에 있는 콩알만한 부분에 불과하지만, 심각한 불안감이나 충동적인 감정을 부채질한다.

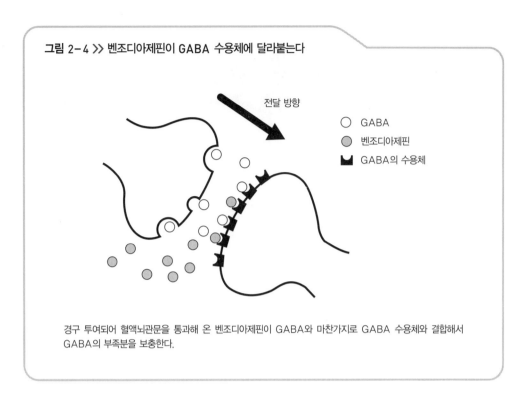

그림 2-4 >> 벤조디아제핀이 GABA 수용체에 달라붙는다

전달 방향

○ GABA
● 벤조디아제핀
W GABA의 수용체

경구 투여되어 혈액뇌관문을 통과해 온 벤조디아제핀이 GABA와 마찬가지로 GABA 수용체와 결합해서 GABA의 부족분을 보충한다.

합한다. 결과적으로 GABA가 결합한 것과 같은 상태가 된다(그림 2-4). 벤조디아제핀은 GABA의 수용체에 직접 결합하기 때문에 GABA의 작용(흥분의 억제)이 즉각적으로 활성화된다. 바로 이와 같은 이유로 약효가 바로 나타나는 것이다.

뇌철수　GABA가 부족하면 GABA 그 자체를 먹으면 되는 거 아닌가요?

뇌박사　그러면 얼마나 좋겠나. 하지만 GABA는 혈액뇌관문을 통과할 수가 없어. 그래서 GABA와 흡사하면서 동시에 혈액뇌관문을 통과할 수 있는 벤조디아제핀을 이용하는 거야. 결과적으로 GABA의 부족분을 보충할 수 있게 되지.

뇌철수　벤조디아제핀, 이름은 무지 외우기 어렵지만, 그 작용은 금방 이해가 가네요.

뇌박사 부족한 것을 보충한다는 의미에서 본다면 '약다운 약'이라고 할 수 있지. 이렇듯 벤조디아제핀을 복용함으로써 청반핵의 흥분이 억제되고, 급성 우울증에서 볼 수 있는 강렬한 불안감을 잠재울 수 있게 되는 거야.

● SCENE 04 _ 복용하다

우울 씨는 항불안제인 벤조디아제핀을 복용함으로써 심한 불안감에서 해방될 수 있었다. 덕분에 수면시간도 길어졌다. 다행히 부작용도 거의 나타나지 않았다. 우울 씨의 표정은 조금 나아진 듯 보였다.

그러나 이 소강상태는 약 기운에 의한 것으로 말끔히 치료가 된 것이 아니다. 여전히 체력, 기력의 변동이 심해서 우울 증상과 함께 자살 충동이 고개를 들게 된다.

해설 4 >> 벤조디아제핀은 그 효과가 빠르게 나타나기 때문에 환자 스스로도 느낄 수 있을 정도이다. 반면에 어지럼증이나 졸음 등의 부작용이 나타나는 경우도 있다. 또 경미하지만 습관성이 있어서 장기간 투여하는 것은 바람직하지 않다. 이 약은 환자를 위험 지대에서 긴급 대피시킬 경우 사용한다.

● SSRI

대뇌변연계에서 분비되는 세로토닌 부족의 해소 : 그럼 다음으로 SSRI (selective serotonin reuptake inhibitor, 선택적 세로토닌 재흡수 억제제)라는 치료제에 대해서 알아보기로 하자.

청반핵에서 분비되는 GABA의 활성 부족에서 비롯된 심각한 불안 증상과는 별도로, 우울증의 증상인 몽롱한 불안, 초조, 우울감은 대뇌변연계(그림 2-5)에서 세로토닌이 부족할 때도 생긴다.

대뇌변연계에는 세로토닌과 결합하는 수용체를 가진 수많은 신경세포가 존

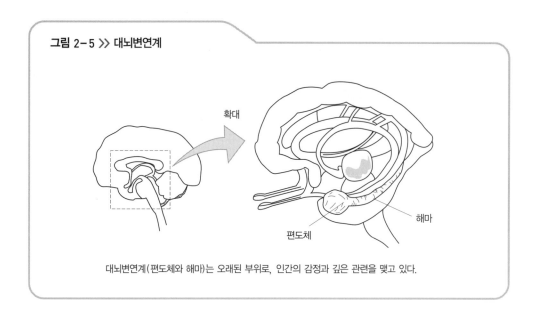

그림 2-5 ≫ 대뇌변연계

확대

해마

편도체

대뇌변연계(편도체와 해마)는 오래된 부위로, 인간의 감정과 깊은 관련을 맺고 있다.

재한다. 그런데 세로토닌의 활동이 약해지면 대뇌변연계의 활력이 약해져, 우울증의 증상이 나타나게 된다.

따라서 세로토닌의 활동을 활성화시키는 약제를 투여하게 되는데, 그중 대표적인 치료제가 SSRI이다.

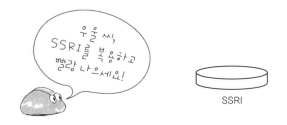

우울 씨, SSRI를 복용하고 빨랑 나으세요!

SSRI

뇌철수 세로토닌의 활동을 활성화시키는 작용을 하는 약물이라? 만약 뇌 속에 세로토닌이 부족해서 우울증이 생긴다면 세로토닌을 직접 뇌에 주입하면 안 되나요? SSRI 같은 약을 쓰지 말고.

뇌박사 아니, 그건 무리야. 세로토닌은 혈액뇌관문을 통과할 수 없거든.

뇌철수 그럼 GABA의 활성 부족 시 처방했던 벤조디아제핀처럼, SSRI는 세로토닌과 비슷한 모양을 하고서 세로토닌의 수용체에 결합하는 물질인가요?

뇌박사 아니, 그것도 아니야.

뇌철수 아, 알았다! 뇌 속에서 세로토닌이 많이 생산될 수 있게 하는 역할을 하는 거죠.

그러니까 이 SSRI라는 단어는 '세로토닌(**S**)의, 생산(**S**)을, 리치(**R**)하게, 인풋했다(**I**)'는 뜻 아닌가요? 뇌에서 세로토닌이 마구 마구 방출되도록!

뇌박사 하하하, 미안하지만 그것도 아니야. 그렇게 간단하지가 않다고.

세로토닌이나 그 생성 재료를 투여하지 않는 이유 : 현재로서는 세로토닌 자체를 투여할 수 있는 방법은 없다. 세로토닌은 혈액뇌관문을 통과할 수 없기 때문이다. 또 세로토닌의 합성 재료가 되는 물질(트립토판이라고 한다)은 혈액뇌관문을 통과할 수는 있지만, 그 재료를 투여할 수도 없다. 왜냐하면 뇌의 신경세포에만 전달되도록 목표 지점을 조율할 수 없어서 효율 면에서 떨어지기 때문이다.

반대로 뇌의 신경세포에 필요한 양 정도의 세로토닌 재료를 체내에 주입하면, 이번에는 신체 내 다른 부위에서 세로토닌의 양이 증가해 부작용이 나타날 수 있다. 이와 같은 이유로 세로토닌 자체나 이를 생성시키는 재료를 직접 투여하기는 힘들다.

그래서 현재 사용되고 있는 SSRI는 우회로를 선택해, 시냅스에서 수용체와 결합하는 세로토닌을 증가시키는 것을 목표로 하고 있다.

SSRI의 작용 : 보통 뇌에 존재하는 세로토닌은 신경세포 말단에서 시냅스로 방출되어 다음 신경세포 수용체와 결합함으로써 자극을 전달한다. 이때 시냅스 소포에서 방출된 세로토닌이 자극을 전달받을 다음 신경세포의 수용체와 모두 결합하지는 않는다. 꽤 많은 양이 수용체와 결합하지 않은 채, 시냅스를 떠돌

다가 원래의 신경세포로 재흡수된다.

이때 경구 투여로 뇌의 혈액 관문을 통과한 SSRI가 세로토닌이 원래 신경세포로 되돌아가는 입구(재흡수 입구)를 차단한다(그림 2-6 ①). 즉, 다음 신경세포의 수용체와 결합하지 않은 세로토닌은 SSRI의 투여로 원래의 신경세포로도 돌아가지 못하고 시냅스 주위를 떠돌게 되는 것이다(그림 2-6 ②).

한편 우울증 환자는 세로토닌의 방출량이 정상 수치보다 적지만, 그렇다고 해서 전혀 방출되지 않는 것은 아니다. 우울증 환자가 SSRI를 복용하면 SSRI는 세로토닌이 시냅스에서 재흡수되는 것을 방해한다. SSRI의 복용으로 세로토닌의 재흡수가 차단됨으로써, 시냅스를 떠도는 세로토닌의 양도 그만큼 늘어난

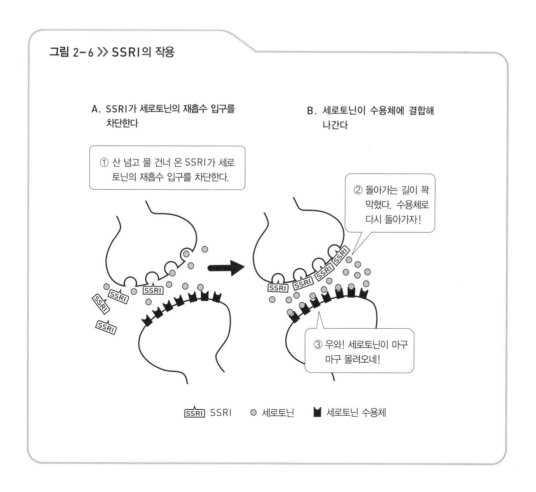

그림 2-6 ≫ SSRI의 작용

A. SSRI가 세로토닌의 재흡수 입구를 차단한다

B. 세로토닌이 수용체에 결합해 나간다

① 산 넘고 물 건너 온 SSRI가 세로토닌의 재흡수 입구를 차단한다.

② 돌아가는 길이 꽉 막혔다. 수용체로 다시 돌아가자!

③ 우와! 세로토닌이 마구 마구 몰려오네!

SSRI SSRI   ● 세로토닌   ■ 세로토닌 수용체

다. 결과적으로 많은 양의 세로토닌이 방출되는 것과 같은 효과를 얻을 수 있는 것이다(그림 2-6 ③).

뇌철수 아하, 그렇구나! 실제로 방출되는 양에는 변화가 없지만, 그 대신 원래 신경세포로 재흡수되는 길을 막아서 양이 늘어난 것과 같은 효과를 올리는 거군요.

뇌박사 맞았어. 그리고 여기서 토막 상식 한 가지 가르쳐 주지. SSRI는 '선택적 세로토닌 재흡수 억제제(selective serotonin reuptake inhibitor)'의 약칭이야. 아까 자네가 말한 그런 뜻이 아니라고. 하하.

SSRI의 효과 : 일반적으로 항불안제인 벤조디아제핀을 복용하면 수일 만에 효과가 나타나기 시작한다. 반면에 항우울제인 SSRI는 개인차가 있어서 효과가 나타나기까지 비교적 오랜 시간이 걸린다. 대체로 한 달 정도가 지나면 효과를 볼 수 있다.

한편 구토, 두통 등의 부작용이 20~30%의 환자에게서 나타나고 있다. 이 부작용은 꾸준히 복용하면 2~3주 내에 가벼워지는데, 이 기간을 잘 넘기면 SSRI의 효과를 확실히 볼 수 있고 결과적으로 우울증도 개선된다.

● SCENE 05 _ 여름, 퇴원과 자택 요양

우울 씨는 처방약을 복용하고 자택에서 휴식을 취하면서 활동 범위를 조금씩 넓혀 나갔다. 이따금 사소한 일로 기분이 가라앉거나 불안·초조감을 맛볼 때도 있었지만, 예전에 집요하게 따라다니던 '자살 반추'는 사라졌다. 불안감이 엄습해도 시간이 지나면 자연스럽게 사라지는 경험을 몇 번 하면서 우울 씨는 구름이 흘러가듯 서서히 감정의 파도를 넘을 수 있게 되었다. 이렇게 해서 우울 씨는 조금씩 몸과 마음 모두 예전의 활력을 되찾아 갔다.

● 우울증의 치료 과정

진찰

벤조디아제핀　　SSRI　　수면제

1개월

약을 조금씩 줄인다. →

벤조디아제핀은 조금씩 감량하다가 중단한다.

3개월

STOP

SSRI는 양을 줄이면서 장기 복용하는 경우가 많다. 수면제는 치유되어 이전 생활로 돌아가게 되면 복용을 중단한다.

기분이 항상 꿀꿀하고 쉬 피로감을 느낀다.

정신없이 잔다.

오늘은 기분이 좋네. 산책이나 할까?

야호! 다 나았다!

3. 유지요법

다른 질환과 마찬가지로 우울증도 치료하면 반드시 나을 수 있는 질환이다. 몇 개월 만에 치유되는 경우도 있지만, 완치되기까지 1~2년 정도 걸리는 게 보통이며, 드물게는 몇 년씩 걸리는 경우도 있다.

그러나 초조해하지 말고 그때그때의 상태에 따라 심신의 에너지를 보충하면 된다. 좋아졌다고 해서 임의로 약을 중단한다거나 갑자기 바쁜 일상으로 돌아가지 않도록 본인은 물론이고 가족과 주위 사람들도 배려할 필요가 있다.

한편 정신과 치료제를 복용하는 일은 환자 자신도 자연스럽게 받아들이기 힘든 것은 물론 주위 사람들에게도 거부감을 갖게 하는 것이 사실이다. 때문에 의사는 약의 효능에 대해 정확한 근거를 가지고 설명해주고, 부작용에 대해서도 충분한 정보를 제공해 정확한 이해를 구해야 한다.

또한 우울증 환자의 경우 카운슬링을 희망하는 경우가 많다. 카운슬링을 포함한 정신치료 가운데 인지치료와 대인관계치료는 그 효과가 실제로도 증명되고 있다(157쪽 참조).

4. 우울증의 진단법

뇌철수 　결국 우울증은 치료만 잘 하면 말끔하게 나을 수 있는 병이라는 얘기군요. 그런데 한 가지 여쭤 보고 싶은 게 있는데요.

뇌박사 　음, 뭐지?

뇌철수 　우울증인지 아닌지 어떻게 구별을 하죠? 기분이 꿀꿀하거나 우울한 날은 누구에게나 있잖아요. 그렇다면 과연 어떤 식으로 구분하는 거죠?

뇌박사 　아, 그렇지. 그건 아주 중요한 문제지. 그럼 이제부터 우울증을 진단하는 방법과 기타 우울증 관련 사항에 대해서 알아보기로 하지.

● 자가 진단표

TV 건강 정보 프로그램에서 때때로 우울증을 테마로 방송할 때가 있다. 그런데 거기에 등장하는 우울증 체크리스트 중 '앞날이 불안한가?'라는 항목이 나온다.

이때 '앞날이 불안하지 않은 사람이 도대체 어디 있어?' 하며 저절로 고개를 갸우뚱하게 되는 경우가 있을 것이다.

그 항목들에 답변하다 보면 대부분의 경우 우울증이 의심된다는 결론에 이른다. 왜냐하면 텔레비전 프로그램에서 소개하는 체크 항목은 지극히 간략화한 것이기 때문이다.

하지만 실제 정신과에서 사용하는 자가 진단표는 아주 복잡하다. 대표적인 자가 진단표로는 '벡 우울증 진단척도(BDI : Beck's depression inventory)'가 있다(그림 2-7). 상세한 자가 진단표로는 꽤 정확하게 우울증 여부를 판단할 수 있

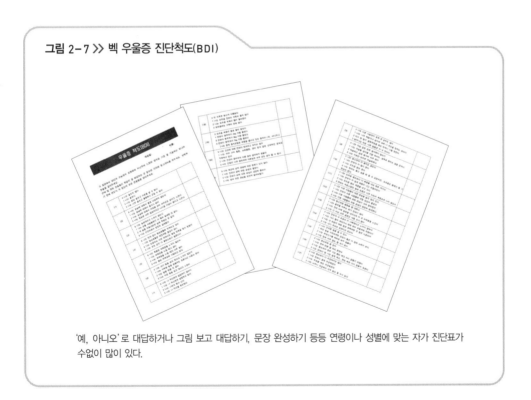

그림 2-7 ≫ 벡 우울증 진단척도(BDI)

'예, 아니오'로 대답하거나 그림 보고 대답하기, 문장 완성하기 등등 연령이나 성별에 맞는 자가 진단표가 수없이 많이 있다.

다. 다만 지칠 대로 치친 우울증 환자로서는 대답하는 일 자체가 고통스럽겠지만……

● 간단한 진단법

자가 진단표를 작성하는 일은 굉장히 까다롭고 복잡하다. 이보다 좀 더 쉽고 간단한 우울증 진단법에 대해 알아보기로 하자.

우울증을 진단할 때 중요한 척도 중 하나는, 우울증이 의심되는 사람이 취미 활동에 어떤 태도를 취하고 있는가 하는 것이다. 예컨대 평소에 심취했던 취미나 오락에 흥미나 관심을 완전히 잃어버렸다면 우울증일 가능성이 높다.

반대로 일에는 의욕이 없지만, 취미 활동에 열을 올린다면 우울증이 아니다. 회사일은 싫지만 블로그나 카페에 글을 올리는 일에는 열심이라면, 우울증일 가능성이 희박하다는 뜻이다. 무언가에 집중할 수 있고 즐길 수 있는 취미가 있다면 우울증일 가능성은 낮아진다.

우울증은 모든 영역에서 관심을 잃어버린다. 평소 몰두했던 일에서조차 흥미를 느낄 수 없다면 우울증 지표에 적신호가 켜졌다고 생각해야 한다.

또한 가라앉은 기분이 오래 지속되고 있는지 여부도 우울증 진단의 중요한 척도가 된다.

울적한 기분이 2주 이상 지속되고, 불면(새벽 3, 4시에 잠이 깨서 다시 잠을 이룰 수 없다)·식욕 저하가 이어지면서 체중이 줄었다면 우울증을 의심해 보는 것이 바람직하다.

5. 주의를 요하는 가면 우울증

우울증 중에서도 교묘한 변장을 하고 나타나 환자를 괴롭히는 경우가 있다. 우울증 초기에 먼저 몸에 이상 징후가 나타나는 일명 '가면 우울증(假面 憂鬱症, masked depression)'이 그것이다(그림 2-8).

가면 우울증 환자의 경우 어깨 결림, 요통, 두통 등 신체적인 이상 증상이 표면에 강하게 나타나기 때문에 마음에서 비롯된 병이라는 사실을 전혀 눈치 채지 못한다.

따라서 대부분의 환자들이 신체적인 증상에 맞는 진료과의 문을 두드리게 된다. 또 병원을 찾더라도 의사가 먼저 묻지 않는 이상 우울감이나 불안감 등 마음의 문제나 고민거리를 환자가 먼저 말하는 경우는 드물다. 몸 상태가 좋지 않으면 기분이 가라앉게 되는 것은 당연하다고 생각하기 때문이다.

중증인 경우에는 본인 스스로도 마음의 이상 증세를 자각할 수 있고 행동이나 표정 등을 통해 주위 사람들도 눈치 챌 수 있지만, 경증인 경우에는 본인이나 주위에서도 알기 어렵다.

건강검진을 받아도 별다른 이상은 없지만, 몸이 찌뿌듯하고 어두운 기분이 이어지면서 지금까지 좋아했던 일에 관심이나 흥미를 잃고 모든 것이 다 귀찮게 느껴진다면, 가면 우울증을 의심해 봄 직하다.

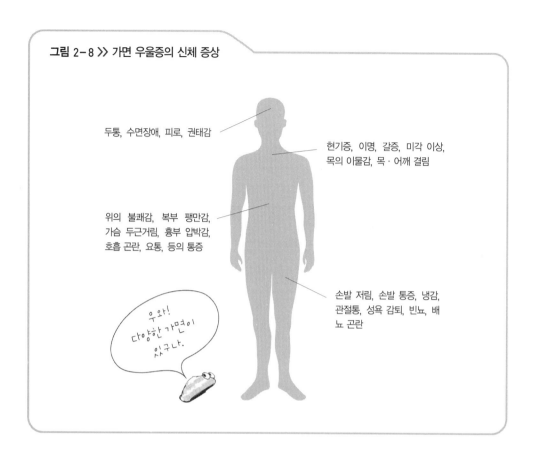

그림 2-8 >> 가면 우울증의 신체 증상

두통, 수면장애, 피로, 권태감

현기증, 이명, 갈증, 미각 이상,
목의 이물감, 목·어깨 결림

위의 불쾌감, 복부 팽만감,
가슴 두근거림, 흉부 압박감,
호흡 곤란, 요통, 등의 통증

손발 저림, 손발 통증, 냉감,
관절통, 성욕 감퇴, 빈뇨, 배
뇨 곤란

우와!
다양한 가면이
있구나.

6. 우울증의 경향

우울증은 특별한 사람이 걸리는 특별한 질병이 아니다. 누구나 걸릴 수 있는
평범한 질환이다.

최근 중년층의 자살이 사회 문제로 대두되면서 중년기에 접어들면 우울증에
걸리기 쉽다는 잘못된 이미지가 있지만, 우울증은 청년층 및 노년층에서도 흔
히 볼 수 있는 질환이다.

특히 노년층의 경우, 신체 노화와 더불어 독신 생활 등의 생활 조건이 발병의
위험성을 높이고 있는 것으로 보인다. 게다가 지금까지는 우울증과 전혀 관계

없는 것으로 인식되어 왔던 어린이들에게서조차 우울 증상이 나타나고 있는 것으로 밝혀졌다.

수치 면에서 우울증 환자는 남자 2%, 여자 6% 정도이며, 통계에 따라 차이는 있지만 전 국민의 20% 정도는 일생 동안 한 번 이상의 우울증을 경험한다고 추정된다. 실제로 최근 외래를 찾는 환자가 급증하고 있으며, 연령대도 전 세대로 확산되고 있다.

이에 대해서는 지금까지 이루어지지 않았던 조사가 실시되고, 사람들 사이에 우울증에 대한 지식이 퍼져 기존에 자각하지 못했던 증상이 우울증으로 인지되고 있다는 사실에서도 그 원인을 찾을 수 있다. 단순히 정신과를 찾는 환자 수가 늘어났다고 해서 우울증 환자가 증가했다고 볼 수는 없다는 뜻이다.

7. 우울증은 '마음의 감기'

우울증은 누구나 한번쯤 걸릴 수 있는 흔한 병이라는 뜻으로 '마음의 감기'라고도 한다. 감기는 만병의 근원, 제때 치료하지 않으면 폐렴과 같은 무서운 병으로 발전할 수 있다. 이는 우울증도 마찬가지. 따라서 가벼운 감기 단계에 있을 때, 제때 치료를 받으면 말끔히 치유가 된다는 점, 잊지 말기 바란다.

우울증은
특별한 병이 아니라
누구나 걸릴 수 있는 질환이라고
인식하는 것이 예방에도,
조기 치료에도 도움이
되는구나!

8. 우울증의 예방

우울증을 예방하기 위해서는 평소에 적당한 휴식을 취하고 몸과 마음을 혹사시키지 않는 것이 무엇보다 중요하다.

길게 지속되는 스트레스는 신경전달물질의 이상을 초래한다. 대부분의 현대인이 만성피로증후군에 시달리고 있는 만큼 자신의 생활을 다시 한 번 되돌아보고 재정립할 필요가 있다.

한편 재발 방지를 위해서도 우울증에 대한 정확한 지식이 필요하다.

9. 우울증 총정리

● 우울증의 정신 증상

① 우울한 기분

② 지금까지 좋아했던 일에 흥미나 기쁨을 전혀 느끼지 못한다.

이 두 가지가 우울증의 기본적인 정신 증상이다.

우울증의 경우 이 두 가지 가운데 하나 이상의 증상이 나타나게 마련이다. 두 가지 항목 모두 해당되지 않는다면 우울증이라는 진단을 내리지 않는다.

②의 예를 든다면 목욕하는 것을 굉장히 좋아하던 사람이 샤워하는 것도 귀찮게 느껴지고, 목욕탕 문을 여는 일조차 내키지 않으며, 욕조에 물을 받는 간단한 일도 힘들게 느껴진다고 한다. 사람과의 만남을 즐기던 사람이 외출하기 위해 신발 신는 것조차 버거워한다든지, 친구들의 전화를 피하게 되고 설령 전화를 받는다 하더라도 수화기를 드는 일조차 힘들다고 하소연하는 사람도 있다. 그 밖에,

③ 집중할 수 없다. 끈기가 없다.

④ 자신에 대한 존재감 상실, 죄책감

⑤ 불안 · 초조감

⑥ 자살 반추

등이 대표적인 증상으로 이들 증상이 몇 가지 이상 나타나고, 더욱이 2주 이상 지속될 때는 우울증 진단을 내린다.

● **주요 치료법**

최근 우울증의 치료법은 비약적으로 발전했다. 따라서 열심히 치료를 받으면 꼭 나을 수 있다. 치료의 원칙으로는 '심신의 휴식'과 항우울제를 이용한 '약물치료', '정신치료' 등이 있다.

심신의 휴식 : 모든 질병이 그렇듯이 우울증도 심신의 에너지 부족이 주된 원인이기 때문에 천천히 휴식을 취하면서 에너지를 보충하는 것이 무엇보다 중요하다. 환자나 가족들은 마음 놓고 휴식을 취할 수 있는 환경을 마련하는 데 최선을 다해야 한다.

하지만 실제로 이를 실천에 옮기기란 쉬운 일이 아니다. 생계나 가족 부양 때문에 직장생활을 영위해야 하거나, 학생이라면 학업을 계속해야 하는 등 현대인이라면 누구나 사회생활과 어떤 형태로든 얽혀 있게 마련이다.

이런 현실적인 요소 이외에도 우울증 환자는 자책하는 성향이 강해서 몸이 힘들어도 회사나 학교를 쉰다든지 집안일을 게을리 하는 것을 스스로 용납하지 못하는 경우가 많다. 따라서 휴식을 취하는 것 자체가 엄청난 스트레스로 작용할 수도 있다.

또한 우울증의 경우 그 정도를 검사 수치로 나타내기 힘들기 때문에 주위의 이해를 구하기가 쉽지 않다. 이래저래 우울증 환자가 휴식을 취하는 것은 쉬운 일이 아니다.

약물치료 : 현재 우울증 치료에는 다양한 종류의 치료제가 쓰이고 있는데, 환자

에 따라서 효과나 부작용이 천차만별이다. 증상에 따라 혹은 개인에 따라 적절한 약을 선택할 필요가 있다. 의사가 조금씩 복용량을 조절하고 증상을 살피면서 어떤 약을 얼마큼 복용할 것인가를 결정한다.

정신사회적 치료 : 정신사회적 치료는 그 종류가 매우 다양하다. 그 가운데 인지치료와 대인관계치료는 확실한 효과를 올릴 수 있다는 사실이 속속 증명되고 있다.

뇌 속의 신경전달물질의 활동이 감소하면 부정적인 생각이 고개를 들기 쉬운데, 사고의 악순환을 단절하기 위해 인지치료로 훈련을 한다. 사고방식을 바꾼다는 것은 생활 스타일을 바꾸고 심신의 휴식을 취하는 것과도 관계가 있다. 회복기에 있을 때나 재발 예방에 특히 효과가 있다.

기타 치료법

전기경련치료(ECT : electroconvulsive therapy) : 머리 부위에 소량의 전류를 흘려서 경련 발작을 일으킴으로써 치료하는 방법이다. 잔혹한 이미지가 강해서 예전에는 거의 시술되지 않았지만, 최근에는 경련을 유발하지 않는 새로운 방법으로 치료하기 때문에 고통도 없고 안전하다. 약을 먹으면 부작용이 나타나기 쉬운 환자나 자살 충동이 강해서 신속한 효능이 필요한 환자에게 효과적인 방법이다.

광선치료(光線治療) : 고조도(2500~1만 럭스)의 인공 빛을 하루에 2시간 이상 쬐이는 치료법으로, 일주일 정도 지속하면 효과가 나타난다. 특정 계절(특히 겨울)이 되면 우울증이 되풀이되는 경우(계절성 우울증)에 효과적인 방법이다.

양극성 장애(조울증)

어떤 질병?

● 기분이 극과 극을 달린다

기분장애로 분류되는 질환 가운데 양극성 장애라는 것이 있다. 흔히 조울증 (躁鬱症, manic-depressive psychosis)이라고 부르는 이 질환은 그 명칭에서도 연상할 수 있듯이 에너지가 넘치는 '조증(躁症) 상태'와 심신의 에너지가 고갈된 '우울(憂鬱) 상태'를 되풀이하는 질병이다.

조증 상태 시에는 기분이 상쾌하고 왕성한 활동을 보여 준다. 표정이 밝고, 번뜩이는 아이디어가 떠오르며, 이야기도 술술 나온다. 왕성한 활동과 함께 원대한 프로젝트를 계획하거나 값비싼 물품에 아낌없이 지갑을 열기도 한다. 이런 조증 상태에서는 넘치는 에너지 때문에 주위 사람들과 문제를 일으키는 경우가 많다. 반대로 조증 상태가 사라지고 우울 상태가 되면 기분이 가라앉아서 우울증과 같은 증상이 나타난다.

● 조증 상태라도 치료가 필요하다

조증 상태 때 아무리 기분이 좋다 하더라도 역시 병은 병이므로 치료가 필요하다. 그러나 조증 상태에서는 모든 일이 술술 잘 풀리는 듯 보이고 기분이 좋으므로 본인 스스로 병원을 찾으려고 하지 않아 그냥 지나치는 경우가 많다. 이 질병도 특별한 사람에게서 볼 수 있는 특이한 질환이 아니라, 신경전달물질의 불균형이 그 원인으로 추정되고 있다.

그 작용 메커니즘은 아직 정확하게 밝혀지지 않았으나, 리튬을 복용하면 조증 상태를 진정시키는 데 효과가 있다.

뇌철수　어? 리튬이라면 리튬 전지의 리튬을 말하는 건가요?

뇌박사　음, 맞아. 근데 리튬의 효과는 오래전부터 알려져 있었어. 하지만 조울증은 우울증만큼 앓고 있는 환자가 많지 않고, 그 증례도 적어서 앞으로 더 많은 연구가 필요한 질병이라고 할 수 있지.

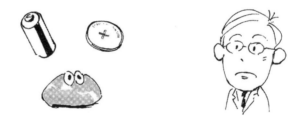

2.4 불안장애
공황장애

뇌박사 마음의 병 가운데는 말이야, '무서워서 도저히 전철을 탈 수 없어요!' 하며 하소연하는 질병도 있어.

뇌철수 에이, 전철이 뭐가 무서워요? 번지점프라면 또 몰라도. 근데 전철이 왜 무섭죠?

뇌박사 공황장애라고 해서 발작이 일어나거든. 몸은 건강하지만 전철만 타면 발작이 일어나서 갑자기 지옥으로 떨어진 듯 느낀다고나 할까. 그런 괴로움을 호소하는 사람이 의외로 많다는 거지.

뇌철수 왜 공황 상태에 빠지는데요? 그것도 마음의 병인가? 그럼 신경전달물질과 관계가 있는 건가요?

뇌박사 바로 그거야. 자, 그럼 다시 비디오를 보면서 자세히 알아보자고.

● 마른하늘에 날벼락!

유병률 : 조사 당시 전체 집단 중에 존재해 있는 질병의 사례 수의 비율로, 여기에는 몇 가지 서로 다른 형태들이 포함된다. 시점 유병률이란 특정 시점(조사 당일)에 존재하고 있는 환자 수를 말한다. 기간 유병률이란 하루 이상의 어떤 기간에 걸쳐 존재하고 있는 환자 수인데, 조사 시작 당일의 환자 수와 그 기간 중에 새로 발병하는 환자 수를 합한 결과이다. 예를 들어 1년이면 연간 유병률, 지난 전 생애면 평생 유병률이다.

불안장애에 속하는 공황장애(恐惶障碍, panic disorder)는 어느 날 갑자기 불안이 엄습해 오면서 숨이 차고, 가슴이 울렁거리며, 현기증이 일어나는 등의 공황 발작이 일어난다. 특별한 원인이나 조짐도 없이 이런 갑작스런 발작이 되풀이 되는 질환이다.

공황 발작은 비교적 짧은 시간에 수습이 되고, 검사를 해도 별다른 신체적 이상을 발견할 수 없다. 따라서 신경성이나 발작이 나타나는 신체 증상과 관련된 질환으로 오인하는 경우가 많다. 공황장애는 평생 유병률(有病率, prevalence rate)**이 2～3% 정도로 발병 빈도가 꽤 높은 질병이지만, 일반인들에게는 잘 알려져 있지 않은 탓에 신체 질환으로 오인하는 경우가 많다.

불안장애의 발병에는 과로나 스트레스가 깊은 관계가 있는 것으로 여겨지고 있다. 많은 환자들이 발병 전 6개월 동안 심각한 스트레스와 계속되는 야근 등 장기간 체력을 소모시키는 경험을 한 경우가 많다. 또 단순히 마음가짐이나 사고방식, 성격 등으로 생기는 질환이 아니라, 신체적인 요인으로 발병하는 경우가 많다는 사실이 속속 밝혀지고 있다. 그리고 그 배경에는 중추신경계의 균형이 깨지기 쉬운 체질적인 요소도 한몫 차지하고 있는 것으로 추정된다.

1. 공황 발작의 시초

공황장애는 '뇌한테 홀리는 병'으로 불가사의한 질환이다.

여기에서는 출근길 전철 안에서 갑자기 발작이 일어난 직장 여성 불안 양의 사례를 들어보자.

● SCENE 01 _ 첫 발작

그날 아침에도 불안 양은 평소와 다름없이 전철을 타고 출근길에 올랐다. 이상 증상이 나타난 것은 전철을 타고 얼마 지나지 않아서였다. 덥지도 않은데 식은땀이 나고 머리가 어지러웠다. 그리고 심장이 두근거리면서 금방이라도 가슴이 터질 것 같은 통증에 혹시 이대로 죽는 건 아닌가 하는 엄청난 공포에 휩싸였다. 가까스로 다음 전철역에 내려서 플랫폼 벤치에 앉았다.

10분 뒤 회복.

지옥을 넘나드는 고통은 10분 정도가 지나자 자연스레 멈추었다. 아무리 생각해도 발작이 일어날 만한 원인은 찾아낼 수 없었다. 그날 아침 특별히 몸 상태가 나쁘지도 않았다.

정말 이상하다.
분명 죽을 것 같은 극심한
통증이 있었는데……. 그러고 보니 전철 소음이
귀에 거슬린 것 같기도 하고, 걸음걸이가
평소보다 좀 느릿느릿했던 것 같기도 하고…….
하지만 그건 발작이 일어난 후에
예민하게 느낀 것인지도 몰라.

● SCENE 02 _ 사흘 뒤

사흘 뒤 전철 안에서 똑같은 발작이 불안 양을 엄습해 왔다. 그날은 정신을 잃고 전철 안에서 쓰러지고 말았다.

응급차에 실려 병원으로 이송되는 30여 분 동안에 발작은 수습되었다. 약간의 피로감은 있었지만 컨디션은 회복되었다. 심전도 등의 검사를 받았지만 이렇다 할 이상은 찾지 못했다. 병원에서는 과로와 스트레스가 원인일 것이라는

자율신경실조증 : 자율신경 활동의 교란으로 온몸이 축 늘어지고 피로감, 현기증, 두통·머리 무거움, 가슴 떨림 등 다양한 증상이 나타나지만, 검사를 해도 별다른 이상을 찾을 수 없다. 그러나 좀 더 자세히 진찰을 해보면 우울증이나 범불안장애·공황장애 등 다양한 불안 장애가 숨어 있는 경우가 많다.

결론을 내리고 귀가 조치를 내렸다. 당시 의사의 진단은 '자율신경실조증(自律神經失調症, autonomic imbalance)'**이었다.

해설 1·2 〉〉 공황 발작을 경험하는 대부분의 환자는 가슴 통증을 호소하기 때문에, 협심증 등의 심장 질환이나 천식·과호흡증후군(過呼吸症候群) 등의 호흡기 질환으로 오인하는 경우가 많다. 의사가 공황장애에서 비롯된 발작이라는 생각을 하지 못하면 아무리 검사를 해도 이렇다 할 원인을 찾아낼 수 없다. 더구나 이 상태를 그대로 방치하면 공황 발작은 그 빈도와 통증이 더 심해진다. 불안 양과 같이 자율신경실조증이라는 진단을 받거나, 구급차에 실려 응급실을 찾는 경우도 있다. 간혹 이 병원 저 병원 찾아다니며 검사를 하고 병원 순례에 나서는 사람도 있다.

공황장애 환자 가운데 정신과를 먼저 찾는 사람은 10%에 불과하다. 또 70% 이상의 환자가 정신과를 찾기 전에 10회 이상 내과, 이비인후과, 산부인과 등 정신과 이외의 과를 돌고 돈다는 통계도 있다. 공황장애에 걸릴 확률은 여성이 남성보다 3배 이상 높다.

조기에 치료를 시작할수록 효과를 볼 수 있기 때문에 공황장애가 어떤 병인지 아는 것이 아주 중요하다. 특히 교사, 구급차의 응급대원, 역무원 등 많은 사람들을 대하는 직종에 있는 사람들은 공황장애와 관련된 정확한 지식이 필요하다.

2. 발병 메커니즘

● 경보기의 오작동

그렇다면 불안 양은 왜 갑자기 발작이 일어났을까? 발작의 원인은 무엇일까?

공황 발작은 '오래된 뇌'인 뇌간의 청반핵(그림 2-9)에서 그 원인을 찾을 수 있다. 1부에서도 소개했듯이 뇌간은 생명 활동의 기초 기능을 담당하고 있으며, 특히 뇌간의 중심 부위에 있는 청반핵은 신체의 위험을 알리는 경보기 역할을 수행하고 있다.

청반핵에 전달되는 위험 신호는 신체 외부뿐만 아니라, 심장이나 호흡기를

그림 2-9 >> 뇌와 청반핵

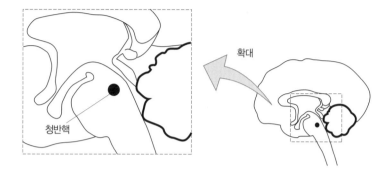

확대

청반핵

뇌철수   그러니까 결국 자기 머릿속에 있는 청반핵에 깜박 속은 거네요!

뇌박사   작다고 무시하면 큰코다친다니까.

비롯한 신체 내부의 신호에도 반응하게 된다.

공황장애의 경우 실제로는 심장 및 호흡기에 전혀 문제가 없는데, 갑자기 청반핵이 위험 경보를 알리며 요란한 벨 소리를 멈추지 않는 것이다. 오보이기는 하지만 경보는 경보이기 때문에 신체는 즉각적으로 위험 대비 모드로 돌입한다. 즉 맥박이 빨라지고, 혈압은 상승하고, 과(過)호흡이 되며 혈당 수치도 상승한다. 바로 이런 반응이 '공황 발작'이다.

● 경보기가 오작동하는 이유

이 청반핵의 오작동도 뇌에 있는 신경전달물질의 불균형이 원인이다. 노르에피네프린(교감신경의 신경세포를 자극하는 작용을 하는 신경전달물질)이 청반핵에서 과다하게 방출되면 경보기에 빨간불이 들어온다. 바로 이것이 공황 발작을 야기하는 것이다. '뇌에 깜박 속는' 환상의 발작이라고도 할 수 있다.

내과 등에서 검사를 해도 그 원인을 찾지 못하다가 정신과에서 비로소 공황 발작이라는 사실을 아는 환자도 많다. 그만큼 뇌는 교묘하게 인간의 감각을 속일 수 있다.

[공황 발작의 주된 신체 증상]

- 가슴 울렁거림
- 현기증
- 가슴 통증
- 숨이 참
- 식은땀
- 신체 떨림
- 질식감
- 구토

---

3. 치료법

● SCENE 03 _ 정신과 검진

불안 양은 정신과에서 공황장애라는 진단을 받았다. 의사는 공황 발작은 몹시 고통스럽지만 그렇다고 해서 죽지는 않는다는 점, 대개 10분에서 길게는 30분 이내에 진정된다는 사실을 불안 양에게 찬찬히 설명했다.

해설 3 〉〉 치료의 첫걸음은 '성격 탓도 아니고 꾀병도 아닌 공황장애라는 질병을 앓고 있다' 는 사실을 환자에게 이해시키는 것이다. 그리고 발작은 굉장히 고통스럽고 참을 수 없는 통증을 유발하지만 '발작 때문에 죽지는 않는다. 치료를 하면 반드시 치유가 되는 질환' 이라는 사실을 알리는 것이다. 이와 같이 병에 대한 기본적인 증상을 알려 주면 정체불명의 질환에 괴로워하던 환자도 어느 정도 안심할 수 있다.

● SCENE 04 _ 약의 복용

　의사는 발작이 죽음을 초래하지는 않는다는 사실, 발작을 멈추게 하기 위해서는 약물치료가 효과가 있음을 불안 양에게 설명했다. 그리고 청반핵에서 분비되는 노르에피네프린의 활동을 억제하기 위해 먼저 항불안제인 벤조디아제핀을 처방했다. 이 약은 효과가 빠르게 나타나는 것이 특징이다. 대개 수일 내에 공황 발작이 멈춘다.

　불안 양은 통원 치료를 받으며 복용을 시작했고 4, 5일째부터는 발작의 횟수가 눈에 띄게 줄어든 것을 느낄 수 있었다.

해설 4 〉〉 죽음의 공포에서 심적으로 벗어났다면, 그 다음 치료는 발작을 멈추게 하는 것이다. 약의 복용으로 발작이 줄어들면 불안감도 그만큼 줄어든다. 치료 초기인 몇 개월 동안은 공황 발작이나 불안감이 완전히 개선될 때까지 적극적으로 약을 복용할 필요가 있다. 몇 주 동안 약을 복용하면 청반핵의 신경전달물질이 균형을 회복한다. 신경전달물질이 정상적으로 기능하면 결과적으로 오보(공황 발작)를 알리는 원인도 사라진다.

뇌철수　항불안제를 복용하면 공황 발작에 효과가 있다는 사실은 우울증과 흡사하네요. 아무튼 발작이 멈추어서 다행이다! 그럼 이것으로 공황 발작은 끝! 원인만 알면 치료가 빠른 질병이군요.

뇌박사　아니지. 너무 앞서 가지 말라고. 공황 발작은 수습되더라도 발작에서 야기된 이차적인 증상이 남는 경우가 많거든. 발작이 야기한 이차적인 증상을 치료해야 공황장애가 깨끗이 나았다고 할 수 있지.

4. 공황 발작에서 공황 불안으로

　항불안제의 복용으로 공황 발작이 치료가 되면 그것으로 공황장애가 완치되는 경우도 있지만, 발작으로 인한 후유증으로 심한 불안감에 휩싸이는 경우도 있다. 왜냐하면 인간에게는 예민하고 복잡한 대뇌가 있고, 공황 발작은 대뇌에 흔적을 남기기 때문이다.

● SCENE 05 _ 예기 불안이 정상적인 생활을 저해하다

불안 양은 몇 주 동안 통원 치료를 받으면서 항불안제를 복용했다. 복용한 지 며칠 지나지 않아서 발작이 눈에 띄게 줄기 시작해 현재는 거의 발작이 일어나지 않는다. 언뜻 보기에는 일상생활에도 큰 문제가 없는 듯하다. 그러나 불안 양에게는 아직 풀어야 할 숙제가 남아 있는 듯 마음이 무겁기만 하다.

발작이 다시 찾아오면 어쩌나 하는 불안감이 불안 양을 떠나지 않는 것이다. 그래서 항상 조심스러워지고 마음을 편하게 가질 수가 없다. 특히 전철에서 쓰러진 이후에는 전철역 근처에도 갈 수가 없다. 전철 생각만 해도 가슴이 덜덜 떨릴 정도. 때문에 출근길은 돌고 돌아서 버스를 이용하고 있다. 그런 자기 자신의 모습을 보면서 '발작이 일어나지 않는 건 단순히 전철을 타지 않아서 그런 건 아닐까, 정말 치료가 된 걸까'라는 의심마저 든다.

발작은 멈추었지만 이전 상태로 돌아가지 못하는 자신의 모습 때문에 불안 양은 몹시 괴로워하고 있다.

뇌철수　아, 무슨 말인지 알겠다! 프로 야구에서도 사구를 맞으면 얼마 동안은 공을 무서워한다는 얘길 들은 적이 있어요. 거참, 의식이라는 것은 때로 귀찮은 구석도 있군요.

뇌박사　으음, 그 얘기와는 차원이 좀 달라. 여기서 말하는 불안은 단순히 심약한 마음가짐이 문제가 아니라, 신경전달물질이 원인이라고 할 수 있어. 즉 신경전달물질의 불균형으로 병적인 불안과 공포가 떠나질 않는 거지. 그래서 병적이라고 할 정도로 전철 타는 걸 무서워하는 거고.

● **항불안제만으로는 공황장애를 완치할 수 없다?**

불안 양을 괴롭히고 있는 불안감의 정체는 무엇일까? 이 역시 신경전달물질의 불균형에 기인한다.

전철 안에서 발작이 일어났기 때문에 전철을 타면 항상 긴장이 된다는 불안감과는 차원이 다르다. 자신의 마음으로는 어찌해 볼 수 없는 병적인 불안이며, 참을 수 없는 공포를 동반한다. 치료를 통해 불안감을 떨치는 수밖에 다른 방법이 없다.

● **불안의 정체는?**

공황장애의 발작은 갑자기 찾아온다. 몇 번 발작을 경험한 환자는 '또 언제 발작이 찾아올지 모른다'는 불안감에 휩싸이고 만다. 이런 불안을 '예기 불안'이라고 한다.

발작이라는 말만 들어도 화들짝 놀라지만, 옆에 사람이 있다고 생각하면 불안감이 약간 누그러진다. 발작이 일어나도 안전한 곳으로 대피할 수 있는 장소에 있다면 조금은 안심이 된다. 반대로 곁에 도와줄 사람도 없고, 또 엘리베이터 안이나 고속도로 등 대피할 공간이 마땅치 않은 곳에서는, 발작이 일어날까 봐 극도의 불안감에 쫓기게 된다. 결과적으로 그런 장소를 먼저 피하게 된다.

이와 같은 걱정을, 정확한 표현은 아니지만 '광장공포증(廣場恐怖症,

광장공포증 : 여기서
말하는 광장은 꼭 넓
은 장소를 의미하는
것이 아니다. 좀 더 정
확하게 표현한다면 도
와줄 사람이 없는 상
황이거나, 꽉 막혀 있
어서 대피할 수 없는
장소를 지칭한다. 두
려운 장소에는 가지
않는다거나 혼자서는
아무데도 갈 수 없다
는 점에서 '외출 공포'
라는 표현이 딱 들어
맞는 사례가 오히려
많다.

agoraphobia)'**이라 하고, 공황 발작을 일으키는 두려운 장소를 피하는 것을 '회피 반응'이라고 한다. 심한 경우에는 혼자서는 집 밖으로 한 걸음도 나가지 못한다. 이러한 공황 발작의 공포와 걱정 때문에 우울감에 빠지거나, 회피 행동으로 인해 정상적인 생활을 하지 못하는 경우도 생긴다.

한편 발작 자체와 예기 불안은 심신의 에너지를 앗아가기 때문에 이로 인한 스트레스로 우울감에 빠질 수 있고, 심하면 우울증에 걸리는 경우도 흔히 있다 (공황장애와 우울증이 공존할 확률은 50%).

● 왜 예기 불안이 사라지지 않을까?

뇌는 부위에 따라 그 기능이 나누어져 있다. 그러나 각각의 부위가 완전히 차단되어 있는 것이 아니라, 다양한 연결 회로 네트워크가 있어서 복잡하게 서로 연결되어 있다. 따라서 청반핵에서 공황 발작을 야기한 신경전달물질의 교란은, 오래된 뇌로부터 오래된 뇌와 새로운 뇌의 경계가 되는 대뇌변연계를 통과해 대뇌 전두엽의 신경세포에도 영향을 미치게 된다.

오래된 뇌와 새로운 뇌의 기능은 그 성질이 다르다. 즉 구뇌(舊腦)인 청반핵에서는 경보기의 오작동으로 '발작'이라는 형태로 나타난 공황 발작이, 신뇌(新腦)인 대뇌에서는 인간의 감정에 영향을 미쳐서 '극도의 불안감'이라는 형태로 표출된다.

예를 들어 전철 안에서 발작이 일어났다면, 우리의 대뇌에서는 전철을 타는 행위가 무시무시한 발작을 야기했다고 서로 연관 짓는 것이다. 이렇게 되면 전철만 봐도 강한 공포감을 동반한 불안이 생기고 다시는 전철을 탈 수 없게 된다. 이 불안을 바로 '예기 불안(豫期 不安, anticipatory anxiety)'이라고 부른다.

급기야는 공포의 대상이 전철을 연상시키는 사물로 확장되어서 붐비는 홈에만 가면 불안해지고, 나중에는 역 근처에 가기만 해도 공포감이 생겨 그곳을 피하고 싶어진다. 더 심해지면 다른 교통수단이나 사람들이 많이 모이는 곳조차 두려워져 '광장 공포'에 휩싸이고 만다. 결국 집에서만 생활해야 하는 심각한 상태에 빠지기도 한다.

공황 발작을 야기한 요인(스트레스 등)이 동시에 전두엽에 영향을 미칠 수도 있 겠지만, 그보다는 몇 차례 경험한 공황 발작이 대뇌에 영향을 미쳐서 그것이 예 기 불안으로 이어졌다고 추정하는 쪽이 훨씬 설득력이 있다. 한편 항불안제의 효능이 부위에 따라 다르기 때문에 청반핵에는 효과가 있지만, 대뇌에는 효과 가 없는 경우도 있다.

실제로 일정기간 공황 발작을 경험한 환자의 경우, 대뇌에 세로토닌이 부족 한 사례가 많다.

뇌철수 아이고 참! 또 세로토닌이야? 암튼 세로토닌이 말썽이란 말이야.

뇌박사 자, 그렇다면 이럴 때는 어떤 약을 사용하면 좋을까?

뇌철수 SSRI(그림 2-10). SSRI는 세로토닌이 되돌아가는 입구를 차단해서 시냅 스의 세로토닌 농도를 높이는 역할을 하잖아요.

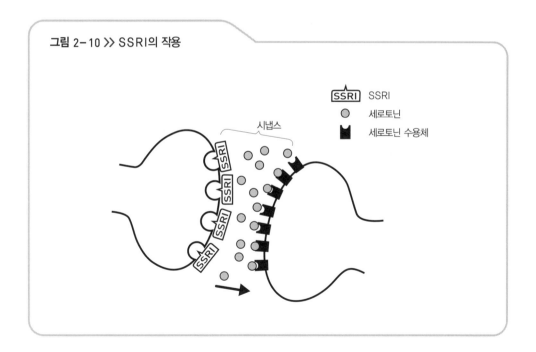

그림 2-10 ≫ SSRI의 작용

SSRI SSRI
세로토닌
세로토닌 수용체

시냅스

뇌박사　음, 맞아. 철수 군. 정말 대단한데! 지금까지 배운 내용을 제대로 소화
했군 그래.

● SCENE 06 _ SSRI의 복용

예기 불안으로 고통받고 있는 불안 양에게 의사는 SSRI를 처방했다. 의사는
다소 시간은 걸리지만 꾸준히 복용하면 한결 불안감이 덜해질 것이라고 설명
했다.

불안 양은 처방약이 늘어났다는 사실과 효능이 나타나려면 시간이 걸린다는
의사의 이야기가 맘에 걸리긴 했지만, 불안감이 덜해진다는 설명에 열심히 복
용하기로 했다.

안타깝게도 SSRI는 그 약효가 바로 나타나지 않아 환자 스스로 자각하기 힘
들다. 약을 오랫동안 복용한 뒤 나중에 돌이켜 보면 '그때가 전환점이었구나!'
라는 생각이 들 정도로 서서히 나타난다.

마지막으로 의사는 불안 양에게 다음과 같이 자상하게 일러 주었다.

"초조해하지 마시고, SSRI의 약효가 생겨서 마음이 조금 편안해지면 그때 가
서 전철역에 가보거나 전철을 타보면 됩니다. 너무 걱정 마세요."

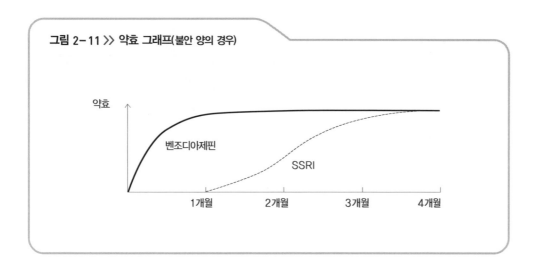

그림 2-11 >> 약효 그래프(불안 양의 경우)

약효

벤조디아제핀

SSRI

1개월　　2개월　　3개월　　4개월

뇌철수　　SSRI는 왜 약효가 바로 나타나지 않죠?

뇌박사　　그건 말이야, 불안은 마음의 작용이고 발작은 신체적 반응이라서 그런 것 아닐까? 마음의 작용에서 비롯된 불안은 신체 반응인 발작을 멈추는 것보다 복잡하겠지. 더구나 약효가 작용하기 시작하더라도 그것이 행동으로 나타나려면 시간이 좀 걸리지 않을까? 더구나 본인이 스스로 깨달을 때까지는 시간이 더 걸릴 테고(그림 2-11).

5. 행동치료

● SCENE 07 _ **불안이여, 안녕!**

불안 양이 복용한 SSRI는 아주 조금씩 효과가 나타나기 시작했다. 항상 떠나지 않던 불안감이 점점 줄어들고 활기가 되살아나기 시작했다. 이미 4개월 동안이나 공황 발작이 일어나지 않았다는 사실도 불안 양을 안심시켰다. 일상생활에서도 여유를 되찾기 시작한 불안 양은 역 근처에서 쇼핑을 해도 아무렇지 않았다. 다만 혼자 전철을 타면 약간의 공포감이 느껴졌다.

이런 불안 양을 관찰한 의사는 SSRI의 효과로 세로토닌이 정상에 가까워졌다고 판단했다. 지금 남아 있는 공포감을 극복하기 위해서는 실제로 전철을 타도 발작이 생기지 않는다는 사실을 스스로 실감하는 것이 중요했다.

그런 이유로 의사는 아주 컨디션이 좋고 마음이 내킬 때는 전철을 한번 타보라고 권했다. 만약 망설여진다면 처음에는 친구와 함께 전철을 타는 것도 좋은 방법이라고 조언했다.

뇌철수 우와, 정말이지 한 번에 낫는 경우는 없구나!

뇌박사 하지만 고지가 바로 저기야.

● SCENE 08 _ 세밀한 목표를 세우다

이어 의사는 '전철을 타고 출근을 한다'는 목표를 세운 뒤, 목표 지점까지 단계를 세밀하게 나누어서 도전해 보라고 충고했다.

이와 같이 마음의 병에서 비롯된, 병적으로 불안한 심리 상태를 행동으로 바로잡아서 치유하고자 하는 시도를 '행동치료(行動治療, behavior therapy)'라고 한다.

[목표]

① 친구와 함께 전철 출입문 근처에 서서 한 정거장만 전철을 타본다.

② 친구와 함께 차량 중앙에서 한 정거장만 전철을 타본다.

③ 친구와 함께 차량 중앙에서 두 구역만 전철을 타본다.

④ 친구와 함께 세 구역(약 10분)까지 전철을 타본다.

⑤ 혼자서 한 구역 타본다.

⑥ 혼자서 두 구역 타본다.

⑦ 혼자서 10분 타본다.

⑧ 혼자서 20분 타본다.

⑨ 혼자서 30분 타본다.

⑩ 혼자서 출근 시간 때 전철을 탄다.

뇌철수　진짜 세밀한 목표다! 목표 ①은 불안 양도 당장 할 수 있을 것 같은데요.

뇌박사　바로 그 '할 수 있다'는 자신감을 갖는 게 중요해. 그리고 이 목표는 자신감을 회복하기 위한 하나의 과정이니까 서서히 착실하게 달성해 나가는 것이 포인트지.

● SCENE 09 _ 자신감이 생기다

불안 양은 친구와 함께 첫 번째 목표에 도전해 보았다. 한 정거장이었지만 별 문제 없이 전철을 타고 다음 역에서 내릴 수 있었다. 2분 정도의 짧은 시간이었지만, 큰 자신감이 생겼다. 이후 점점 거리를 늘려서 도전해 보았고, 3개월 뒤에는 예전과 마찬가지로 전철을 타고 출근할 수 있었다.

발작이 전혀 일어나지 않았기 때문에 벤조디아제핀의 복용은 중단했지만, 불안감을 완전히 극복할 수 있을 때까지 SSRI는 좀 더 복용하라는 의사의 처방을 받았다.

● 공황장애의 치료 과정

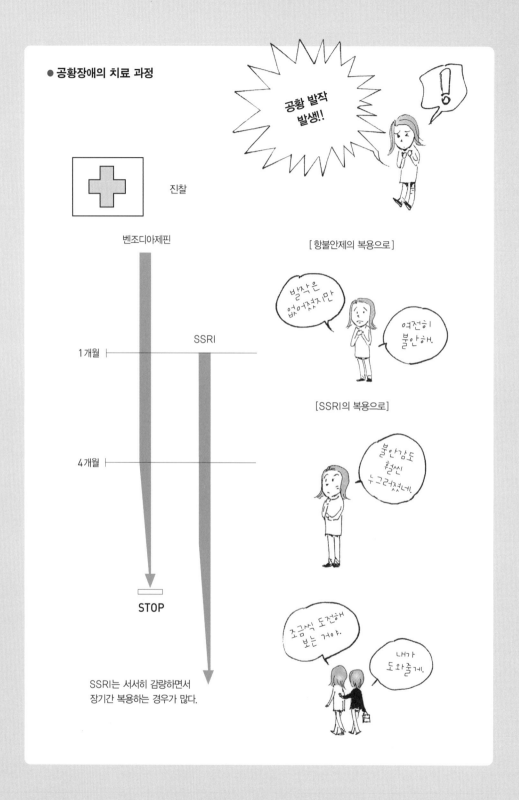

2.5 불안장애
사회공포증

불안장애에 속하는 사회공포증(社會恐怖症, social phobia)과 범불안장애는 아직 정확한 원인이 밝혀지지 않았다. 그러나 효과적인 치료법은 조금씩 확립되고 있다.

질병의 원인은 잘 모르지만 치료법은 존재한다는 이야기가 자칫 모순처럼 들릴 수도 있을 것이다. 하지만, 의학의 세계에서는 질병이 발견된 뒤 현장에서 시행착오를 거듭하면서 치료법이 발견되고, 또 그 치료법의 메커니즘을 연구하는 동안 질병의 원인이 밝혀지는 경우가 때때로 있다.

이들 질환의 원인이 밝혀지지 않은 데에는 사회공포증이 질병이라는 인식이 부족했던 사회 분위기와도 관계가 있다. 정확한 원인은 모르지만 지금까지 설명한 신경전달물질과 관련이 있다는 것만은 분명하다.

뇌철수　사회공포증이라……. 처음 들어보는 병인데요.

뇌박사　병명이 좀 막연해서 어떤 병인지 연상이 안 되지? 그런데 여기서 말하는 '사회'란 넓은 의미에서의 사회 전체를 뜻하는 것이 아니야. 타인

으로부터 주목을 받거나 평가를 받는 상황을 의미하지. 남 앞에서 뭔
가 행동하려고 할 때 갑자기 불안해지면서 극도로 긴장하는 병이지.

뇌철수 사람들 앞에 서면 긴장하는 건 누구나 마찬가지 아닌가요?

뇌박사 하지만 그 정도가 병적으로 심할 때, 그러니까 회의 중에 발언을 해야
하는데 너무 긴장한 나머지 심장이 쿵쾅거리고, 입이 바짝바짝 마르
고, 머릿속이 하얗게 변해서 아무 말도 못 하는 사람이 있어. 또 보통
때는 정상적으로 얘기하는데, 직장에서는 전화를 받지 못하는 사람도
있고.

뇌철수 그 정도면 생활하는 데도 지장이 많겠군요.

뇌박사 그렇지. 남 앞에서 말하는 것이 싫어서 회의에 빠진다거나, 자신이 음
식을 먹는 모습을 누군가 보는 것이 싫어서 레스토랑에 못 간다면 정
상적인 사회생활을 하기가 어렵겠지.

1. 증상

사회공포증의 가장 흔한 증상은 '병적인 수준의 심각한 수줍음'이다. 남 앞
에서 이야기할 때 병적인 불안과 긴장을 느끼고 공황 상태에 빠지는 것이다. 이
와 같은 증상을 예전에는 '대인 공포'나 '대인 기피'라고 표현해 왔다.

또 평소에는 말이 술술 잘 나오지만 발표장에만 가면 경직되는 연단 공포, 집
에서는 괜찮은데 학교 등 특정한 장소에 가면 목소리가 나오지 않는 경우도 있
고, 남이 볼 때는 글씨를 쓰지 못하는 증상을 보이는 이들도 있다.

예전에는 이들 증상을 단순히 성격에 문제가 있는 것으로 여겨 정신력으로
극복해야 한다고 생각했다. 그러나 정신력이나 마음을 굳게 먹는 것으로는 이
런 증상이 개선되지 않는 사람이 늘어나면서 하나의 질병으로 인식하게 되었
다. 빈도는 2% 정도라고 보고된 바 있다.

연단에 서야 한다는 생각에 극도로 긴장해 혼란에 빠진다

특정한 장소에 가면 목소리가
나오지 않는다

누군가 보고 있으면 글씨를 쓸 수 없다

2. 치료

최근에는 불안 증상에 잘 듣는 약과 행동치료를 병행함으로써 치료에 높은
성과를 올리고 있다.

사회공포증을 극복하기 위한 핵심 치료법으로는 인지행동치료(認知行動治療,
cognitive behavioral therapy)가 있다. 이 치료기법은 인지 왜곡에 의한 행동장
애를 인지치료와 행동치료를 같이 사용하여 치료하는 것이다. 우선 공포감을
느끼는 것은 비단 자신만이 아니라는 사실을 인식한 뒤 자신의 잘못된 고정
관념을 바로잡고, 그 다음은 두려워하는 상황에 대해 공포감이 덜한 장면에
서 점점 강한 장면으로 단계를 밟아 도전해 나가는 행동치료를 취한다. 이를

'노출기법(露出技法, exposure therapy)'이라고 한다(95쪽의 공황장애 치료 시 등장한 행동치료와 기본적으로 동일하다).

　이때 극심한 공포심으로 과제를 수행하지 못하는 사람이 아주 많다. 이럴 경우에는 공포감·불안감을 덜어 주는 SSRI를 이용하면 노출기법을 수행하기가 한결 수월해진다.

[스피치 공포의 극복]

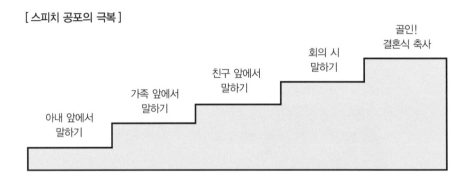

　그러나 사회공포증 환자가 정신과 문을 두드리기까지에는 높은 장애물이 도사리고 있다.

　우선 의료 관계자를 포함해 일반인들의 질병 인식이 턱없이 부족하다. 또 이 질환으로 고통받는 환자는 병의 성질상 낯선 사람과의 만남을 기피한다. 환자에게는 의사도 낯선 사람에 속하기 때문에 자신의 증상이 병적이라는 사실을 자각하더라도 정신과를 찾는 일이 무척 힘들 수밖에 없다.

　병이 아니라 단지 부끄럼을 심하게 타는 사람도 물론 많이 있다. 그러나 정도가 심해서 사회생활에 악영향을 미칠 정도라면 사회공포증이 아닌지 의심해 봐야 한다. 어떤 병이든 조기에 의사를 찾아 진찰을 받는 것이 최선이자 최고의 선택이다.

2.6 불안장애
범불안장애

1. 범불안장애란?

어떤 질병?

● 꼬리에 꼬리를 문 걱정이 마음을 완전히 점령하다

범불안장애(汎不安障碍, generalized anxiety disorder)도 일반인들에게는 생소한 질병이다. 현대인이라면 누구나 불안과 걱정을 달고 살지만 그럴 만한 이유나 근거가 있고, 어느 정도는 그런 감정을 억누를 수도 있다.

하지만 범불안장애의 불안은 특별한 이유나 특정 상황에 국한되지 않고 문득 불안감이 고개를 쳐드는 것이다. 또 대상을 바꾸어 가면서 끊임없이 불안해한다. 뭔가 나쁜 일이 일어나지는 않을까, 실패하지는 않을까 등등의 걱정거리가 마음을 온통 차지해서 마치 하루 24시간 걱정만 하고 사는 듯하다. 이때 환자의 걱정거리를 자세히 들어보면 지극히 일상적인 내용, 예를 들면 가족이나 자신의 건강, 업무상의 문제 등 주위에서 보면 대수롭지 않게 넘어갈 수 있는 문제를 걱정거리로 만들어서 그 이유로 끊임없이 괴로워한다.

더욱이 대부분의 환자가 자신을 괴롭히는 걱정이 부질없는 걱정이라는 사실을 잘 알고 있다. 그러나 아무리 '괜찮다'고 스스로를 타일러 보아도 통제 불능이다. 걱정거리가 하나 생기면 그 걱정이 꼬리에 꼬리를 물고 다른 걱정을 낳는다. 마치 영원히 끊어지지 않는 사슬처럼 걱정이 끝없이 이어진다.

걱정할 만한 문제가 되지 못하는 걱정이라고 해도 걱정을 한다는 것 자체가 엄청난 스트레스이다. 늘 긴장과 초조감이 따라다닌다. 이런 긴장 상태가 오랜 기간 지속되면 피로감이 엄습해 오고 집중력이 떨어진다. 마음뿐만 아니라 몸도 반응을 하게 되는 것이다. 즉 근육의 긴장으로 어깨 결림이나 근(筋) 긴장성 두통, 근육 경련을 초래한다. 그러면서 차츰 수면의 질이 떨어지고 수면장애를 일으키기도 한다.

범불안장애의 평생 유병률은 약 3~5%로 비교적 흔한 질병이다. 특히 여성에게서 많이 볼 수 있다. 그러나 이 질병 때문에 정신과를 찾는 환자는 거의 없다. 대부분이 오랜 걱정으로 파생된 신체적인 치료를 위해 정신과 이외의 다른 과를 찾아 병원 순례에 나서는 것이 보통이다.

또한 공황장애를 비롯한 불안장애 및 우울증 환자를 주의 깊게 진찰해 보면 범불안장애를 동시에 갖고 있는 환자가 많이 있다. '불안' 증상을 하소연하는 환자 가운데 약 30~40%의 환자가 범불안장애를 겪고 있다는 보고가 있다.

2. 치료

이 질환의 증상 가운데 신체적인 긴장이나 불면은 항불안제인 벤조디아제핀으로 빠른 효과를 올릴 수 있다. 한편 연쇄적으로 나타나는 불안·걱정과 관련해서는 효과가 나타날 때까지 다소 시간은 걸리지만, SSRI를 통해 높은 치료 효과를 올릴 수 있다.

정신사회적 치료 가운데에는 불안·걱정을 해석하는 자신의 왜곡된 고정관

넘을 찾아내서 합리적인 사고로 바꾸는 인지치료가 효과가 있다.

오랜 시간 동안 지나친 불안과 걱정에 시달려 온 범불안장애 환자의 경우, 극심한 불안감을 자신의 성격 탓으로 돌리며 질병이라는 인식을 제대로 하지 못하는 경우가 많다. 스스로 피곤한 성격이라고 자학하면서 생활의 반경도 점점 좁혀 간다. 결과적으로 생활의 질이 떨어질 수밖에 없다. 병적인 불안을 치료하기 위해서도 범불안장애에 대한 올바른 지식이 무엇보다 중요하다.

3. 범불안장애의 사례

여기에서는 전형적인 사례로서 회사원인 범자 씨(여성, 29세)의 경우를 소개한다.

● 범자 씨의 사례

범자 씨는 대기업에 취직한 뒤 주위 사람들에게 늘 신경 쓰면서, 또 실패하지 않기 위해서 항상 긴장에 긴장을 늦추지 않았다. 일을 할 때 실수하지는 않을까, 동료들에게 따돌림을 당하지는 않을까, 항상 주변을 살피며 생활해 왔다. 그런 범자 씨를 보며 친한 동료들은 '그렇게 일일이 걱정하지 않아도 괜찮다'는 충고를 때때로 하기도 했다.

여유 있게 일하는 동료를 부러워하며, '걱정 뚝, 비가 내리면 그때 가서 우산을 쓰면 되잖아!'라고 스스로에게 다짐해 보아도 부정적인 생각이 머릿속에서 떠나질 않았다.

예를 들어 사무실에서 전화벨이 울리면 혹시 나쁜 일이 생긴 건 아닐까 불안해하고, 집에 돌아와서도 제출한 서류에 이상이 있는 건 아닐까 걱정이 되어서 견딜 수가 없었다. 급기야 심한 두통과 어깨 결림으로 병원을 찾았다.

'범불안장애'라는 진단을 받고 처음 듣는 병명이라 걱정이 되었지만, 많은 사람들이 겪고 있는 정신과 질환이라는 의사 선생님의 자상한 설명을 듣고 조금은 안심이 되었다.

이후 정신과 치료를 통해 병적인 걱정에서 해방되었고, 마음의 여유를 찾을 수 있었다. 주위에서도 범자 씨에게 표정이 밝아졌다, 성격이 변했다며 좋아해 주었다.

하지만 생각해 보면 성격이 바뀐 것이 아니라, 본래 밝고 명랑한 성격이었는데 주위에 너무 신경을 쓰다 보니 자기 본래의 모습을 지나치게 억누르고 있었을 뿐이었다. 이후 범자 씨는 꾸준한 치료를 통해 학창 시절처럼 편안하고 느긋하게 업무에 몰두할 수 있게 되었다.

부차적으로 다양한 증상을 일으키는 것이 우울증과 똑같네!

2.7 불안장애
외상 후 스트레스 장애

외상 후 스트레스 장애(外傷 後 스트레스 障碍, post traumatic stress disorder : PTSD)는 생명을 위협하는 신체적·정신적 충격을 경험한 후 나타나는 중증의 정신장애이다. 정신적인 의미에서 외상(外傷)을 입은 뒤의 후유증이라고 생각하면 된다.

사고나 재난 등의 충격적인 체험을 떠올리면 갑자기 몸이 움츠러드는 반응을 보이는 경험은 누구나 한번쯤 해본 적이 있을 것이다. 외상 후 스트레스 장애는 바로 이와 같이 위협적이었던 사고에 대한 반복적 회상이나 악몽에 시달리는 등 외상 경험을 재경험하는 심각한 질병이다.

뇌철수 PTSD란 'post traumatic stress disorder'의 약칭이죠. '트라우마(trauma)'란 '외상'이라는 의미고요. 음, '외상적인 스트레스'도 '트라우마'라고 하는 걸로 알고 있는데······.

뇌박사 트라우마는 본래 신체에 생긴 상처(외상)라는 의미인데, 정신의학에서는 감당하기 힘든 극도의 충격적인 사건을 경험한 뒤 쉽게 치유되지 않는 마음의 상처를 의미하지. 정신적 외상이라고도 말할 수 있어.

외상 후 스트레스 장애는 지진이나 화재 등 대형 참사를 당한 경우에 많이 나타난다. 하지만 원인이 되는 정신적 외상은 사건의 객관적인 규모와 상관없이 스스로가 느끼는 충격의 여파가 얼마나 큰지가 더 중요하다. 보기에는 별일 아닌 것 같지만, 당사자에게는 엄청난 상처가 되어서 외상 후 스트레스 장애의 원인이 되기도 한다.

구체적인 증상으로는 외상 체험을 되풀이해서 떠올리거나 악몽을 꾸기도 한다. 아울러 심계항진(심장의 고동이 심하여 가슴이 울렁거리는 일), 발한, 빈맥(頻脈, 맥박의 횟수가 정상보다 많은 상태) 등 생리적인 반응이 나타난다. 외상을 다시 경험하는 '플래시백(flashback, 사고 장면의 순간적 재현) 현상'도 나타날 수 있다. 또 그런 증상이 빈번해지면 불면, 기타 신체 시스템의 균형이 깨지는 경우도 있다.

외상 체험과 관련된 자극을 피하려 하고, 불면이나 과도한 경계심 등 각성 상태가 이어진다. 외상 후 스트레스 장애의 증상이 지속되면 우울증을 유발할 수도 있다.

2.8 제3그룹
정신분열병

뇌박사 자, 그럼 지금부터는 기분장애, 불안장애에 이어서 제3그룹에 속하는 '정신분열병'에 대해 공부해 보기로 하지.

뇌철수 '분열'이라고요? 어쩐지 느낌이 이상야릇하네요. 다중 인격 자가 나오는 스릴러가 마구 연상되는데요.

뇌박사 그건 자네뿐만 아니라 많은 사람들이 갖고 있는 편견이기도 하지. 하지만 그런 생각은 어디까지나 오해와 편견에 불과해. 정신분열병이라고 해서 정신이나 성격, 인격이 분열되었다는 뜻이 아니야. 단지 환자의 생각, 행동, 지각들이 약간 분리되어 있다는 의미에서 그런 병명이 생긴 것이지. 심장이나 간에 이상이 생기듯, 그저 뇌에 이상이 생긴 것뿐이야.

뇌철수 뇌에 이상이 생긴 것이라고요? 좀 더 구체적으로 말씀해 주세요.

뇌박사 안타깝게도 정신분열병의 발병 원인에 대해서는 아직 명확하게 밝혀지지 않았어. 오랫동안 연구해 온 질환이지만 여전히 수수께끼 같은 질환이지.

● 정신분열병의 증상을 한마디로 규정하는 것은 불가능하다

정신분열병(精神分裂病, schizophrenia) 환자는 환청이나 환각에 사로잡혀 있거나, 제삼자 입장에서 보면 도저히 이해하기 어려운 기이한 행동을 할 때가 있다. 이와 같이 환자에 따라서 제각기 다른 증상을 보이는 경우가 많아서 그 증상을 한마디로 규정하기는 어렵다. 질병의 정도도 경증에서부터 중증까지 천차만별이다.

현재 가장 표준적으로 사용되고 있는 진단 기준인 DSM-IV-TR (Diagnostic and Statistical Manual of Mental Disorders, 4th ed. Text Revision, 미국 정신의학회가 작성한 진단 기준)에서는 중심이 되는 증상별로 망상형(편집형), 혼란형, 긴장형 등 세 종류의 기본형과 여기에 미분화형, 잔류형을 덧붙이는 경우가 있다.

위의 다섯 가지 분류 가운데 널리 알려져 있는 것이 망상형으로, 일반인들이 갖고 있는 광기나 정신병에 대한 이미지의 근간을 이루고 있다고 해도 과언이 아니다.

우선 정신분열병 가운데 가장 흔히 볼 수 있는 망상형부터 살펴보기로 하자.

1. 망상의 시작

● 아주 사소한 일에도 걱정이 앞선다

망상은 대개 자신도 모르는 사이에 슬그머니 찾아온다.

망상의 초기 단계에서 환자들은 아주 사소한 일에도 신경이 쓰이고 걱정스럽다는 말을 자주 한다. 예를 들면 고양이가 자기 앞을 지나갈 때나 옆 사람의 웃음소리, 길을 가는 행인의 시선이 무시무시한 운명을 암시하는 조짐처럼 느껴진다. 또 어떤 특별한 계기가 없어도 왠지 주위가 으스스하게 느껴지고, 조여 오는 절박감을 느끼는 망상을 경험할 때도 있다.

망상이 최고조에 달하면 이 세계가 금방이라도 멸망할 것 같은 '대재앙'을 체험하는 경우도 있다.

뇌철수   어, 저건 어디서 많이 본 듯한 그림인데. 마치 뭉크(Edvard Munch, 1863~1944)**의 '절규' 같아요!

에드바르트 뭉크 : 노르웨이의 화가. 정신병적인 심각한 불안감을 작품에 묘사했다. 특히 그의 작품 가운데 '절규'가 유명하다.

● 일그러져 가는 세계

인간은 정보의 바다에서 허우적대고 있으면서도 동시에 엄청난 양의 정보를 그저 흘려보냄으로써 정상적인 생활을 영위하고 있다.

그러나 정신분열병 환자는 자신을 둘러싼 크고 작은 모든 일들이 무시무시한 운명의 전조라고 생각하기 때문에, 몸과 마음이 몹시 지쳐 있다.

게다가 남이 자기 얘기를 하고 있다든지, 자기를 어떻게 하려고 한다고 생각하는 '관계망상(關係妄想)'이나, 보이지 않는 적이나 세상 모든 사람들이 자신을 감시하고 있다고 느끼는 '피해망상(被害妄想)'이 때때로 나타나기도 한다.

관계망상

피해망상

뇌철수 관계망상에 피해망상이라! 명칭이 어째 엽기적이네요.

뇌박사 으음, 확실히…….

2. 망상에 사로잡힌 사람은 어떤 행동을 취할까?

실례를 바탕으로 한 하나의 모델을 살펴보기로 하자(특정 인물을 모델로 한 것은 아니다. 대부분의 환자들에게서 보이는 증상을 모아서 한 사람의 사례로 정리한 것이다).

망상 씨, 34세, 남성, 회사원이다.

● SCENE 01 _ 도청되고 있는 것은 아닐까?

카리스마 넘치고 동료나 상사로부터 신뢰를 듬뿍 받아 오던 망상 씨. 6개월 전부터 혼잣말로 중얼거리거나, 야근 도중에 책상 아래 숨어서 뭔가 찾는 것 같은 기묘한 행동을 할 때가 많아졌다. 그렇지만 일도 잘하고 원래 약간은 독선적인 면도 있었기 때문에 동료들은 심각하게 생각하지 않았다.

그런데 어느 날 갑자기 얼굴색을 바꿔서 "그만 좀 해. 다 알고 있다니까. 씨~" 하며 천장을 향해 버럭 소리를 지르는 게 아닌가! 황당한 상황에 사무실에 있던 모든 직원들의 시선이 망상 씨에게로 쏠렸다. 바로 옆에 앉아 있던 동료가 "왜 그래, 도대체 무슨 일이야?" 하고 물었더니, "실은 몇 달 동안 쭉 도청당하고 있었어!" 하며 망상 씨는 비교적 차분한 어조로 설명을 하기 시작했다.

그의 이야기를 듣고 있던 한 동료가 "무슨 소리야? 도청은 무슨 도청. 그럴 리 없어, 괜한 얘기 하지 말라고" 하며 설득을 하자, 망상 씨는 그 동료를 향해 욕을 퍼부었다.

그 사건 이후로 망상 씨를 걱정하던 직장 상사가 정신과에 한번 가보라고 아주 조심스럽게 말을 꺼냈지만, 망상 씨는 "내가 미쳤단 말예요?" 하며 말을 들으려고 하지 않았다.

할 수 없이 상사와 가족들은 도청기 문제의 진위를 떠나서 불면증으로 몸과 마음이 많이 지쳐 있으니 일단 카운슬링을 받아 보는 것이 좋겠다며 설득에 나섰다.

그래서 망상 씨는 겨우 정신과를 노크하게 되었는데…….

● SCENE 02 _ 의사의 진찰

진찰 중에 망상 씨는 이곳저곳 주위를 살피면서 시선을 한 곳에 집중하지 못했다. 의사가 큰 소리로 이름을 부르자 고개를 잠시 돌렸을 뿐, 이내 뭔가 다른 소리를 듣고 있는 듯한 자세를 취했다. 의사는 부드러운 목소리로 "망상 씨, 무슨 소리가 들리나요?"라고 물으며 망상 씨의 이야기를 주의 깊게 들어 주었다.

망상 씨의 얘기에 따르면 6개월 전부터 거대 범죄 조직이 자신의 행동을 감시하고 있으며, 그 이유는 자신이 정의파 인간이기 때문이라고 말했다.

범죄 조직의 감시자들은 "이제 그만 자백해", "모든 걸 다 알고 있어"라며 망상 씨를 끊임없이 괴롭힌다고 했다. 이 음모를 방치하면 세계가 멸망할 것이라며 망상 씨는 반격을 시도했지만, 주위의 협조를 구하지 못해서 큰 난관에 봉착해 있다고 꽤 진지하게 설명했다.

의사는 간혹 맞장구를 치고 고개를 끄덕이면서 환자의 이야기를 열심히 듣고 있었다.

뇌박사　의사 선생님이 귀담아 듣고 있을 때는 다 이유가 있어서라고.

해설 〉〉 정신분열병 치료가 어려운 이유 가운데 하나는 자신의 이상 행동을 환자 스스로는 정상이라고 생각한다는 점이다. 환자의 이런 상태를 '질병 인식이 없다', '병식(病識)이 부족하다'라고 표현한다.

앞서 소개했던 우울증이나 공황장애는 환자 자신이 심신의 이상을 스스로 느끼고 치료를 희망하기 때문에 기본적으로 환자와 의사 사이에 협조 관계가 구축될 수 있다. 그러나 정신분열병의 경우, 환자가 빠져 있는 망상은 환자 자신에게는 현실이다. 따라서 이를 인정해 주지 않으면 의사도 적대자로 몰릴 수 있다.

한편 망상 씨의 모든 언동이 조리가 없는 것은 아니다. 가족들이 망상 씨의 건강을 염려해 카운슬링을 받을 것을 권하자 이에 응한 것만 봐도 늘 망상에 젖어 있는 것은 아니라는 사실을 알 수 있다.

이는 별세계에 사는 것 같은 환자들에게도 현실 세계와의 접점이 남아 있음을 의미한다. 의사는 그 접점을 끈기 있게 찾아내고, 그 접점을 통해 환자와 소통하고자 한다. 이처럼 의사는 환자와 협조 관계를 담보로 치료 계획을 세우고, 유지하고, 추진해 나간다.

● SCENE 03 _ 입원 치료

오랜 시간 동안 망상 씨의 이야기를 들은 의사는 몇 개월 동안 도청기 사건에 시달려서 정신적으로 지쳐 있는 것 같으니, 입원해서 조금 쉬는 게 어떻겠냐는 제안을 했다. 의사의 말에 망상 씨도 약간은 안심한 표정으로 휴식을 취하기 위해 입원 치료에 동의했다.

뇌철수　아하! 그래서 의사 선생님이 망상 씨의 이야기를 열심히 들은 거구나!
뇌박사　하지만 환자의 망상은 나날이 변화를 거듭하니까 그 접점을 유지하는 일은 아주 어렵지. 주의 깊은 관찰력이 필요하기도 하고.

뇌철수　그래서 여기서도 도청기 건을 망상이라고 단정 짓지 않고 휴식이 필요
　　　　하다는 점을 강조해서 치료를 받게 하는군요.

뇌박사　실제로 오랫동안 망상에 시달린 환자는 고독감과 피로감을 호소하는
　　　　경우가 많지.

뇌철수　음, 어쩐지 의사 선생님이 환자를 대할 때 기본적으로 갖고 있어야 할
　　　　마음가짐 같네요. 근데 증상을 보니 쉽지 않을 것 같아 걱정되는데요?
　　　　우울증이나 공황장애와는 비교도 안 될 만큼 치료가 어렵고 길어질 것
　　　　같은 예감이…….

뇌박사　분명 정신분열병은 어려운 병이지만, 오랜 연구를 거듭해서 지금은 예
　　　　전보다는 치료의 경과가 많이 나아지고 있지.

뇌철수　이 병은 왠지 신경전달물질하고는 거리가 멀 것 같아요. 기분이 꿀꿀
　　　　하다거나 두근두근 불안한 것하고는 양상이 조금 다르잖아요.

뇌박사　그런데 그렇지가 않아. 계속해서 화면을 보자고.

3. 정신분열병의 치료

● 정신분열병도 신경전달물질의 이상에서 기인한다

　정신분열병의 정확한 발병 메커니즘은 아직 밝혀지지 않았다. 그러나 뇌의
한 부분인 중뇌변연계(中腦邊緣系, mesolimbic system)라는 부위에서 도파민이
과다하게 방출되면 망상이나 환각 증상이 나타난다는 것만은 분명하다(그림
2-12).

　따라서 도파민의 활동을 억제하는 약을 복용하면 망상이나 환각 증상은 사라
지게 된다. '항(抗)정신병 약물'로 분류되는 클로르프로마진(chlorpromazine),
할로페리돌(haloperidol), 리스페리돈(risperidone), 올란자핀(olanzapine) 등이
이 기능을 갖고 있다.

그림 2-12 >> 뇌에서의 도파민 경로

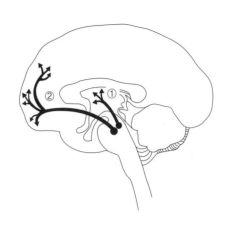

도파민을 방출하는 신경 가운데,
특히 그림으로 나타낸 경로가 정
신분열병과 관련이 깊다.

① 중뇌변연계
② 중뇌피질계

● SCENE 04 _ 복귀

　항정신병 약물은 마음을 편안하게 달래 주는 약이라는 의사의 설명을 듣고서
망상 씨는 약을 복용하기로 했다. 복용한 지 한 달 정도 지나자 망상 씨의 환청
은 점점 사라졌고, 도청기 건도 더는 입에 올리지 않았다.

　2개월 뒤에 퇴원하고, 한 달 동안 자택에서 요양을 한 뒤 직장으로 복귀했다.
회사의 배려로 지금은 단순 업무를 담당하고 있다. 어느 정도의 조율 기간을 거
치면 완전히 복귀할 수 있을 것 같다.

뇌철수　우와! 다행이다. 근데 망상이라고는 해도 환자 본인에게는 그것이 망
　　　　상이 아니라 현실이라서 치료가 더 어려운 거 아닌가요?

뇌박사　맞아. 자신이 병에 걸렸다는 사실을 인정하지 않는 사람이 의사의 처
　　　　방대로 약을 먹는다는 것은 쉽지 않은 일이지. 또 상태가 좋아졌다고
　　　　약을 중단하면 재발하기 쉽기 때문에 그때 가서 다시 서둘러 약을 복
　　　　용해도 처음만큼 효과가 나타나지 않는 경우도 있어. 그러니 약은 정

말 꾸준히 복용해야 하지. 그리고 약을 꾸준히 복용하려면 무엇보다 주위의 도움이 필요해.

● 약물치료의 중요성

정신분열병 치료에서 약의 역할은 아주 크다. 때문에 약물 복용을 게을리함으로써 증상을 악화시키는 환자를 보면 안타깝기 그지없다.

어떤 약이든 약을 먹는다는 것은 귀찮고 힘든 일이다. 더욱이 정신 기능에 영향을 미치는 약을 장기간 복용한다는 것에 거부감도 있게 마련이다.

그러나 의사의 처방에 따른 올바른 약의 복용이 치료에 아주 큰 힘을 발휘한다는 것은 확실한 사실이다.

 항정신병 약물

정신분열병의 치료제를 항정신병약 혹은 항정신병 약물이라고 부르는 이유는, 예전에는 정신장애라고 하면 정신분열병을 지칭할 정도로 정신분열병이 정신병의 대표적인 질환이었다. 따라서 정신장애를 치료하는 약이 바로 정신분열병을 치료하는 약으로 동일하게 취급되고 있는 것이다.

정신과에서는 정신분열병의 치료에 최대의 노력을 기울이고 있는데, 그 노력에 힘입어 괄목할 만한 성장을 거두었다.

1950년대에 항정신병 약물이 처음 등장하면서 정신분열병 치료에 혁명이 일어났다. 이후 항정신병 약물은 발전을 거듭해 꾸준히 신약이 개발되고 있으며, 지금은 부작용이 덜하면서도 탁월한 효과를 나타내는 치료제가 많이 나와 있다.

현재 약을 복용한 환자의 반 정도가 차도를 보이고, 그 가운데 50%가 자립 혹은 지원을 받으면서 사회생활을 영위하고 있다. 한편 사회생활을 하기에 벅찬 환자라도 약물을 통한 치료로 증상이 한결 호전되고 있다.

Doctor memo ## 망상의 세계는 어떻게 만들어질까?

정신분열병 환자에게서 흔히 볼 수 있는 망상의 내용을 보면, 도저히 일반인들이 이해하기 힘든 내용인 경우가 많다. 그러니 과학이 발달하기 이전 옛날 사람들이 정신분열병 환자를 보고 '신이 내린 사람' 혹은 '귀신에 홀린 사람'이라고 생각한 것도 무리는 아니었을 것이다.

그러나 언뜻 보기에는 동에 번쩍, 서에 번쩍 갈피를 잡을 수 없는 망상일지라도 그 세계는 환자가 병을 앓기 전에 갖추고 있던 지식을 토대로 가공된 것들이다. 따라서 환자가 모르는 지식이 망상에 등장하지는 않는다.

예를 들면 1900년에 자신이 비틀즈의 일원이라고 주장하는 정신분열병 환자는 있을 수 없다는 뜻이다. 또 우리가 모르는 미래에서 온 존재라고 주장하는 경우에도, 환자가 발병 전에 품고 있던 미래에 대한 이미지를 재구성한 것일 뿐이다.

드라마에서 본 듯한 UFO

SF 영화에 나올 듯한 우주선

망상형 환자에 따라서는 시간이 지나면서 망상의 형태가 피해망상에서 반대로 과대망상으로 바뀔 때가 있다. 자신이 대통령이라든지, 귀족이라고 주장한다. 따라서 자신이 주장하는 존재에 합당한 대우를 요구하는 경우가 많다.

그렇게 과대망상에 빠져 있는 환자라도 갑자기 '○○ 씨'라고 본명을 부르면 '네'라고 바로 대답하기도 하는데, 이는 발병 전의 의식이 남아 있기 때문이다. 또 과대망상을 보이면서도 상황에 따라서는 아프기 전의 소심한 본래 모습을 보일 때도 있다. 이와 같이 망상의 세계에 빠져 있는 정신분열병 환자라 해도 현실 세계와의 접점은 분명 있게 마련이다.

4. 망상형 이외의 분류

● 혼란형

대화나 행동이 산만해지는 것이 특징이다. 감정의 부조화로 장소에 어울리지 않는 감정을 표현할 때도 종종 있다. 예를 들면 진지한 모임에서 실실 웃는다거나 갑자기 소리를 쳐서 주위 사람들을 놀라게 한다.

● 긴장형

극심한 정신운동장애가 특징이며 혼미와 흥분 상태가 단독으로 또는 교대로 나타난다. 구체적으로는 모든 지시에 대한 저항, 기묘한 자세, 같은 행동을 반복하는 '상동(常同) 행동', 상대의 동작이나 말을 그대로 따라 하는 '반향(反響) 동작'이나 '반향(反響) 언어' 등을 꼽을 수 있다.

담당 의사가 "이름은?" 하고 물으면 똑같이 "이름은?" 하고 대답하거나, 의사가 오른손을 올리면 환자도 똑같이 오른손을 올리는 동작을 따라 하는 식이다.

● 미분화형

기본적인 망상형, 혼란형, 긴장형으로 진단을 내릴 수 없는 환자를 말한다.

● 잔류형

일반적인 정신분열병 환자에게서 볼 수 있는 증상인 망상, 환각, 대화나 행동의 이상 등은 거의 볼 수 없지만 희로애락의 감정 상실, 비논리적 사고 등을 보인다. 또 의욕을 상실하고 하루 종일 혼자 지내는 음성 증상이 이어지는 경우를 말한다.

5. 정신분열병의 경과

● 다양한 유형을 보인다

정신분열병은 다양한 경과를 거친다. 생애 단 한 번 발병해서 비교적 단기간에 치유되는 경우, 회복과 재발을 반복하는 경우, 혹은 회복이 되지 않고 질병이 지속되는 경우도 있다.

회복 정도도 완치에서부터 거의 변화가 없는 경우, 그리고 그 중간 등등 천차만별이다. 또한 조금씩 진행하는 경우도 있고, 시간이 지나면 진행이 중지되거나 혹은 점점 가벼워지는 경우도 있다. 이들이 서로 얽히고설키어 다양한 경과와 예후를 보인다.

● 불가사의한 귀환

정신분열병에는 아주 드물지만 '노년 호전'이라는 신비로운 현상이 있다. 이는 청년기에 발병해서 치료 효과가 전혀 나타나지 않다가 나이가 들면서 증상이 회복되어 치유되는 사례를 지칭한다.

무릇 질병이라는 것은 방치해 두면 시간의 경과와 함께 악화되고 중증으로 발전하는 것이 일반적이다. 그런데 정신분열병의 경우 방치된 환자가 자율적으로 회복될 때가 있다.

아무 말도 하지 않고 종일 벽만 보고 지내던 전형적인 혼란형 환자가 마치 별세상에서 지구로 귀환하듯 회복되어서 아무렇지도 않게 퇴원하는 사례가 있다. '노년 호전'이라는 현상은 이 질병의 특이함을 증명해 주는 단적인 예이다.

뇌박사 혹시 몇 년 전에 아카데미 작품상을 수상한 〈뷰티풀 마인드〉라는 영화 봤나? 정신분열병을 앓던 한 수학 천재가 병을 극복하고 노벨상을 수상하기까지의 실화를 그린 휴먼 드라마인데.

뇌철수 물론이죠. 안타깝게도 러셀 크로우가 남우주연상을 놓쳤잖아요.

뇌박사 우와! 정말 별 걸 다 기억하네. 인공두뇌는 저장 용량이 대단한가 보지?! 아무튼 이 영화에는 서서히 망상에 사로잡혀 가던 주인공이 오랜 경과를 거쳐 어느 날 문득 제정신으로 돌아오는 과정이 그려져 있지. 정말 신기할 따름이야.

뇌철수 정말로 그래요. 근데 나이가 들어서 생존을 위한 에너지가 고갈되기 시작할 때 오히려 질병이 치유된다는 건, 정신분열병이 일반 질환과는 전혀 다른 구조를 갖고 있다는 얘기 아닐까요?

뇌박사 흠, 예리한 지적이야. 아무튼 선입견을 배제하고 접근할 필요가 있는 질병임에는 틀림이 없지.

2.9 제4그룹
기타 다양한 정신 질환

뇌철수 휴우~ 겨우 끝났다! 정신분열병이 끝나니까 온몸의 힘이 다 빠지는 것 같아요. 그럼 이제 마음의 병의 마지막 그룹인가요?

뇌박사 그래. 마음의 병을 네 그룹으로 나누었지? 자, 이제 마지막이야. 힘내자고.

뇌철수 근데 이 그룹은 어째 좀 정리가 안 되어 있는 것 같은데요. 들쭉날쭉한게…….

　　이 장에서는 지금까지 소개했던 기분장애, 불안장애, 정신분열병 이외의 마음의 병에 대해 간략하게 알아보려고 한다.

　　앞서 소개한 세 가지 그룹 이외에도 정신과 치료의 대상이 되는 마음의 병에는 주의력 결핍 과잉행동장애(ADHD), 품행장애, 적응장애, 노인성 치매 등 다양하다. 이를 제4그룹으로 정리해 보았다. 제4그룹은 원인이나 치료법이 확립된 질병이라기보다 이와 같은 병이 있고, 질병의 원인과 치료법이 현재 연구 진행 중이라는 정도로 이해해 주기 바란다.

1. 주의력 결핍 과잉행동장애

뇌철수 아! 어쩐지 많이 들어본 이름 같은데요?

뇌박사 그럴 거야. 특히 교육 현장에서는 널리 쓰이는 용어지.

수업 시간에 집중하지 못하고, 자리에 가만히 앉아 있지 못하는 아이들이 있다는 사실은 꽤 오래전부터 알려져 있었다. 소아정신과를 찾는 환자 가운데 약 25%가 이 ADHD (attention deficit hyperactivity disorder), 즉 주의력 결핍 과잉행동장애를 앓는 아이들이다.

이 질병을 앓고 있는 아이들은 자신이 좋아하는 일에는 집중하지만, 하기 싫은 일이나 잘 모르는 것에는 관심을 갖지 않기 때문에 학업 성적이 본래 자신의 지적 수준보다 떨어지는 것이 특징이다.

따라서 주위에서는 노력이 부족하다고 야단치는 경우가 많고, 또 교사의 말을 귀담아 듣지 않는 문제아로 내몰리기 쉽다. 그러나 이 질병의 성질을 파악하고, 아이의 눈높이에 맞추어 이야기를 해주는 상대에게는, 자신의 행동을 설명하거나 마음을 터놓기 때문에 의사소통이 가능하다.

또한 실제 능력에 비해 과소평가를 받고 있기 때문에, 개성을 존중하고 타고난 능력을 인정하고 격려하는 자세로 대하는 것이 중요하다.

이와 같이 아이의 장점을 인정하고 열등감을 갖지 않도록 배려해 주면, 청소년기에 나타나는 사회성 결여 등의 문제 행동을 미연에 방지할 수 있다. 이 같은 배려를 받은 아이들은 대부분의 경우 초등학교를 졸업할 때쯤이면 안정되어 간다. 그러나 25% 정도는 청년기 이후에도 그 증상이 이어진다는 보고가 있다.

주의력 결핍 과잉행동장애 환자들 가운데는 천재와 같은 비상한 지능을 보이는 사례가 많다. 예를 들면 에디슨, 아인슈타인, 레오나르도 다 빈치 등은 모두 ADHD를 앓았다고 전해진다. 이들 천재의 공통점은 흥미 있는 일에는 강한 탐구심을 보이는 반면, 사회성이 극도로 결여되어 있다는 점. 그들의 위대한 업적을 보면, 질병이라고 하기보다는 특이한 재능이라고도 할 수 있을 것이다.

뇌철수 그럼 이 ADHD는 막무가내로 떼를 쓰는 떼쟁이하고는 다른 건가요?

뇌박사 글쎄……. 그건 뭐라고 똑 부러지게 말하기 어려운 문젠데……. 거의 병적으로 떼를 쓰는 아이들 중에서도 ADHD를 앓고 있는 경우가 있어서 말이야.

뇌철수 근데 대부분 중학교에 들어가기 전에 차분해지는 건 왜 그럴까요? '청년 호전'?

뇌박사 하하하, 신기하지. 그래서 성장 과정의 일시적인 현상이라고 보는 견해도 있어.

2. 고령자에게 흔한 질환

● 알츠하이머형 치매

1907년, 오스트리아의 신경학자인 알로이스 알츠하이머(Alois Alzheimer, 1864~1917) 박사는 만성 진행성 치매 증상을 보이며 사망한 한 여성의 뇌에서 노인성 반점이라는 특유의 변화가 존재한다는 사실을 발견했다. 이후 이와 같은 진행성 치매를 발견한 알츠하이머 박사의 이름을 따서 이 병을 '알츠하이머병(Alzheimer's disease)' 혹은 '알츠하이머형 치매'로 명명하게 되었다.

고령화 사회에 접어들면서 알츠하이머병이 급속하게 늘어나고 있다. 실제 유병률을 살펴보면 65세에서는 1% 미만, 75세에서는 10% 미만, 85세에서는 25%라는 높은 발병률을 보인다. 특히 남성보다는 여성에게서 잘 나타나는 질환이다.

알츠하이머병은 건망증에서 시작해, 병이 진행됨에 따라 차츰 지적 능력 및 판단력 장애를 초래한다. 외출하면 길을 잃거나 옷 갈아입기, 목욕 등을 비롯한 일상적인 생활을 하기가 점점 힘들어진다.

알츠하이머병에 걸린 환자의 뇌를 살펴보면, '베타아밀로이드(β-Amyloid)'라는 이상 단백질의 침착으로 생성된 노인성 반점과 변성 신경섬유의 다발인 신경원섬유(神經原纖維)의 변화를 볼 수 있다. 그리고 정상적인 신경세포가 소실되어 뇌가 점점 위축되어 간다.

전 세계적으로 알츠하이머병에 대한 치료는 계속 연구 중이지만, 이 병에 대한 원인은 아직 밝혀지지 않았다. 현재로서는 아세틸콜린의 분해를 억제하는 약물을 이용해 남아 있는 뇌 기능의 보존을 돕고 기억 등의 기능 저하를 약간 늦출 수 있지만, 질병이 진행됨에 따라서 약효가 거의 듣지 않기 때문에 완치할 수 있는 치료제가 없는 것이 현실이다.

● **혈관성 치매**

혈관성 치매(vascular dementia)는 뇌경색이나 뇌출혈의 발작 뒤에 나타나는 치매이다. 수족 마비나 언어장애 등 신경 증상을 동반하는 경우와, 작은 경색이 다수 발생함에 따라 점점 치매가 가시화되는 경우로 나눌 수 있다.

치매가 계단상(階段狀)으로 나빠지는 증상을 보이는 것이 특징이다. 확실한 진단을 내리기 위해서는 뇌 단층촬영(CT, MRI)이나 뇌 혈류 검사 등을 통해 경색이나 출혈을 확인해야 한다.

노이로제

●● DSM 분류와 신경증(노이로제)

2부에서는 일반인에게도 널리 알려져 있는 우울증이나 정신분열병, 그리고 비교적 낯선 질환인 불안장애 등 다양한 정신 질환을 소개했다.

그런데 '어, 노이로제는 왜 안 나오지?' 하며 궁금해하는 독자들이 있을 것이다.

'노이로제(neurosis)'는 육아 노이로제, 입시 노이로제라는 표현에서도 알 수 있듯이 '정신과 질환 = 노이로제'라고 생각하는 사람이 있을 정도로 흔한 이름이다.

그런데 그 유명세에 비해 단어의 의미를 정확하게 아는 사람은 드문 것 같다. 막연하게 정신적인 피로에서 오는 혼란 상태, 착란 상태 정도로 알고 있다.

정신의학에서 노이로제는 '신경증(神經症)'이라고 하며, 그 정의는 '심리적인 요인에서 비롯된 정신·신체의 기능장애'라고 규정하고 있다. 증상이라기보다는 원인을 중시한 용어이다. 증상의 특징을 꼽는다면, 기질적인 변화가 없는 것이 신경증의 공통된 특징이다. 그런데 일반인들에게 널리 알려져 있는 노이로제, 특히 신경증은 1980년 정신장애의 진단 기준을 정한 DSM-Ⅲ에는 채택되지 않아서 현재 세계에서 가장 권위 있는 진단 기준에서 사라지고 말았다.

뇌철수　오잉! 왜 빠졌죠? 뭔가 흑막이 있는 건…….

　　　　아, 그 전에 DSM-Ⅲ가 뭐죠?

　노이로제가 DSM-ⅢI에서 빠진 이유를 설명하기 전에 DSM-Ⅲ 분류에 대해서 먼저 살펴보기로 하자.

　DSM-Ⅲ란, 'Diagnostic and Statistical Manual of Mental Disorders, 3rd ed.(정신장애의 진단 및 통계 편람 제3판)'의 약칭으로 미국 정신의학회가 규정한 진단 기준의 제3판이다. 이 진단 기준의 가장 큰 특징은 정신 질환을 '원인'이 아닌 '증상'으로 분류했다는 점이다.

　예전에는 다른 분야의 의학과 마찬가지로 정신 질환에서도 원인별 분류가 시도되었다. 하지만 정신 질환은 명확한 원인을 규명할 수 없는 사례가 많고, 또 같은 증상의 질병을 의사에 따라 다른 원인으로 포착해서 결과적으로 다른 질병으로 판단하는 혼란스러운 상황이 가중되었다.

　이에 따라 미국의 정신과 의사인 스피처가 원인이 아닌 현실적으로 드러나는 증상을 토대로 질병을 분류하자는 주장을 펼쳤다. 이 방침을 받아들여서 1980년도 판 DSM-Ⅲ가 작성되었고, 의사들에게 진단 기준의 요건이 되는 증상이 제시되었다.

　정신과 의사는 진찰실을 찾은 환자가 '○○병'의 진단 기준에 맞는 증상을 보이면 '○○병'이라는 진단을 내린다. 말하자면 조작적인 진단법이라고 할 수 있다. 예를 들어 우울증 진단 기준에 적혀 있는 항목을 만족시키면 우울증이라고 진단을 내리는 것이다.

●● DSM-Ⅳ-TR*의 우울증 진단 기준

A.　① 우울한 기분

　　② 흥미 · 즐거움의 상실

　　두 가지 항목 중 하나 이상이 존재한다.

B.　상기 ①, ②와 함께

　　③ 체중 감소 혹은 체중 증가(또는 식욕 부진 혹은 식욕 증가)

　　④ 불면 혹은 과수면

　　⑤ 정신운동의 흥분 또는 지체

　　⑥ 피로감 또는 기력 감퇴

⑦ 존재감 상실, 죄책감

⑧ 사고력·집중력 감퇴, 결정 곤란

⑨ 죽음에 대한 반복적인 생각, 자살 반추, 자살 기도

이상의 항목 중 다섯 가지 이상이 존재하고, 2주 이상 지속된다.

[DSM-IV-TR 정신 질환의 분류와 진단 지침서 중에서]

뇌철수   '이상의 항목 중 5가지 이상이 존재하고, 2주 이상 지속된다'는 말은 왠지 굉장히 딱딱하게 들리네요. 뭐랄까, 관공서 공문 같다고나 할까?

뇌박사   그렇지만 정밀도는 굉장히 높지. 게다가 질병의 정의가 마련되어 있어서 정보 교환 시 편리하고, 치료법도 빠르게 발전시킬 수 있어.

이 방식이 정착되었을 때 분류하기 어려운 것이 노이로제(신경증)였다. 노이로제는 원인에 기초한 질병이기 때문에 DSM-Ⅲ에서는 사용할 수 없게 되었다.

노이로제의 배후에는 불안 증상이 함께 하는 경우가 많아서, 대부분의 노이로제는 불안장애로 재분류되었다.

뇌철수   흐음, 친숙한 명칭이 사라져서 시원섭섭하네요. 그래도 그만큼 정신의학이 발전하고 있다는 증거겠죠?

뇌박사   그렇지. 이 DSM도 끊임없이 개정되고 있어. 몇 년 지나면 '노이로제가 뭐예요?'라는 정신과 의사가 생길지도 모르지.

* DSM-Ⅲ는 이후에도 몇 차례 개정되어서, 현재는 DSM-IV-TR이 진단에 이용되고 있다.
  DSM은 미국 정신의학회가 작성한 진단 기준이고, 국제질병분류 제10차 개정판(ICD-10)은 세계보건기구(WHO)에서 규정한 정신 및 행동장애의 진단 기준이다.

제3부

정신사회적 치료

마음의 병을 치료할 때는 사이코테라피(psychotherapy), 즉 마음을 다루는 정신사회적
치료가 이용되기도 하는데 그 종류가 매우 다양하다. 이 장에서는 여러 가지 정신치료법 중
정신의료 현장에서 주로 사용되고 있는 치료법에 대해 알아보기로 한다.

뇌철수　박사님, 정말 대단하세요! 정신과 의사 선생님들, 정말 다시 봤어요. 존경합니다~

뇌박사　하하하, 갑자기 왜 그러나?

뇌철수　며칠 전에 드라마에서 봤어요. 정신과 의사가 환자 마음속 깊은 곳에 잠재되어 있는 문제를 예리하게 짚어내 환자를 도와주고, 거기다 어려운 사건까지 척척 해결하는 걸. 정말 대단했다고요!

뇌박사　나도 가끔 사이코드라마를 보지만, 드라마에 등장하는 정신과 의사는 천부적인 탐정이나 심리분석가가 많은 것 같더라고. 아마도 프로이트의 정신분석 이미지를 좀 확대 해석한 것 같아. 의대생 중에도 그런 이미지를 품고 정신과를 지망하는 경우가 많지만, 모든 정신과 의사들이 그런 천부적인 재능을 갖고 있는 것은 아니야. 물론 나도 지극히 평범한 사람이고.

뇌철수　그럼 푹신푹신한 의자에 누운 채 몽롱한 상태에서 '자, 당신의 어린 시절을 떠올려 보세요' 하면서 말하는 건 뭐죠? 그게 정신치료 아닌가요?

뇌박사　그건 정신분석이야. 오늘날 정신의학의 현장에서 널리 이용되고 있는 정신사회적 치료와는 좀 다르지.
　　　　자, 그럼 화면을 보면서 정신사회적 치료가 뭔지 구체적으로 알아보기로 하지.

3.1
개인정신치료 :
자신을 비추는 거울

개인정신치료란 고민이 있거나 마음의 병을 앓고 있는 환자가 도움을 청할 때, 전문적인 훈련을 받은 치료자가 적극적으로 환자의 이야기를 경청함으로써 문제점을 명확히 하고, 해결의 실마리를 포착하도록 이끌어 주는 방법이다.

이때 치료자의 역할은 해답을 주는 것이 아니라, 마치 거울과 같이 환자 본래의 모습을 비추어 준다는 점에 있다. 개인정신치료는 정신 건강은 물론이고 교육이나 산업 분야에서도 널리 이용되고 있는 정신치료이다.

3.2
정신사회적 치료

정신사회적 치료(精神社會的治療, psychotherapy)는 아주 다양하여 그 종류가 무려 200여 가지가 넘는다.

정신사회적 치료란 마음을 이용한 치료법으로, 현재 의료 현장이나 이와 관련 있는 분야에서는 다양하게 활용된다.

정신과에서 이루어지고 있는 정신사회적 치료는 심리의 기본적인 원리를 이용해서 꾸준히 질병 개선을 도모하는 것이다. 현재 이용되고 있는 정신사회적 치료는 프로이트에서 시작된 정신분석과는 차이가 많이 난다.

정신사회적 치료의 대표주자로는 정신치료, 행동치료와 인지치료가 있다. 이 치료법들은 객관적인 효능이 속속 입증되고 있다. 그 밖에도 자율훈련법, 모래놀이 치료 등이 있다.

3.3
행동치료

1. 단계적인 목표를 세우고 달성한다

행동치료(行動治療, behavior therapy)는 마음의 병으로 위축된 심리 상태를 행동을 통해 교정하여 원래 상태로 회복시키고자 하는 치료법이다. 2부에서 설명했던 공황장애의 불안 양의 사례를 떠올려 보자(84쪽 참조). 약물치료로 공황 발작이 멈추게 된 불안 양은 여전히 마음속에 앙금으로 남아 있던 예기 불안과 회피 행동을 치료하기 위해 훈련(단계적으로 전철을 타는 훈련)을 받았는데, 이것이 바로 행동치료의 좋은 예이다(그림 3-1). 불안 양은 조금씩 단계를 밟으면서 마지막 목표(전철 통근)를 달성했다.

행동치료에서는 '불가능'을 '가능'하게 만들기 위해 아주 조금씩 단계를 높여서 행동을 교정한다. 목표 설정 단계만 보면 느릿느릿 거북이걸음 같지만, 그 차이를 아주 조금씩 높여서 천천히 극복해 나가는 것이 중요하다.

그림 3-1 ≫ 행동치료의 예

[최종 목표] 전철을 타고 출근을 한다.

[목표]

① 친구와 함께 전철 출입문 근처에 서서 한 정거장만 전철을 타본다.

② 친구와 함께 차량 중앙에서 한 정거장만 전철을 타본다.

③ 친구와 함께 차량 중앙에서 두 구역만 전철을 타본다.

④ 친구와 함께 세 구역(약 10분)까지 전철을 타본다.

⑤ 혼자서 한 구역 타본다.

⑥ 혼자서 두 구역 타본다.

⑦ 혼자서 10분 타본다.

⑧ 혼자서 20분 타본다.

⑨ 혼자서 30분 타본다.

⑩ 혼자서 출근 시간 때 전철을 탄다.

아, 불안 양!
오랜만이에요.
이제 괜찮죠?

2. 성취감을 연습한다

이처럼 조금씩 단계를 높여 가는 이유는, 첫째 심한 예기 불안 상태에서는 갑자기 최종 목표를 달성할 수 없기 때문이다. 두 번째 이유는 시간이 걸려도 목표를 확실하게 달성하면 이른바 성취감을 느낄 수 있기 때문이다.

공황 발작은 심각한 신체 반응을 동반하기 때문에 무시무시한 공포가 기억 속에 남아 있다. 그러나 어떤 기억이나 마찬가지겠지만, 시간이 지나면 아주 조금씩 희미해지게 마련이다. 착실하게 과제를 수행하면서 '성공했다'는 새로운 기억이 반복되면, 예전의 공포 체험의 기억은 서서히 지워진다. 새로운 성취 기억이 예전의 기억보다 강해졌을 때 행동치료의 목표 지점에 다가갔다고 할 수 있다.

3.4
강박장애와 행동치료

뇌철수　강박장애에서 '강박(強迫)'이란 무슨 뜻이에요? 사람을 위협한다는
　　　　　의미의 '협박'이라는 말은 알겠는데, 강박이란 말은 좀……

뇌박사　의학에서 말하는 '강박관념'의 '강박'은 자신의 마음속에 감정이나 생
　　　　　각이 떠올라서 떨쳐 버리고 싶어도 떨쳐 버릴 수 없는 상태를 말하지.

뇌철수　마음은 그렇지 않은데 왜 그걸 떨쳐 버릴 수 없는 거죠?

뇌박사　신경전달물질이 그 역할을 제대로 하지 않아서 불안, 즉 마음이 온통
　　　　　'병적인' 불안으로 가득하기 때문이지.

뇌철수　으악, 또 나왔다. 신경전달물질!!!

뇌박사　하하하, 이제 신경전달물질이랑 친해질 때도 되지 않았나? 아무튼
　　　　　신경전달물질의 불균형으로 인해 병적으로 심한 불안감을 느낄 때가
　　　　　있어.

1. 강박장애란?

● 불안장애의 일종

강박장애(强迫障碍, obsessive compulsive disorder : OCD)는 불안장애에 속하는 정신 질환이다. 주위를 둘러보면 강박장애에 시달리는 사람을 흔히 볼 수 있는데, 강박장애의 유병률은 2%로 100명 가운데 2명이 이 질환을 앓고 있다.

최근에는 효과적인 치료법이 속속 개발되고 있으며, 약물치료와 함께 행동치료를 병행하면 치료 효과를 높일 수 있다.

● 불합리하다고 느끼면서도 멈출 수 없다

강박장애는 자신의 마음속에 특정한 생각(강박 사고라고 한다)이 자꾸만 떠올라서 그 생각을 떨쳐 내기 위해 강박 행위(예를 들면 손을 씻는 행위)를 되풀이하지 않으면 견딜 수 없는 상태를 말한다.

강박 사고나 강박 행위의 예를 몇 가지 소개하면 다음과 같다.

① 청결에 대한 과잉 집착(가장 흔한 유형이다)

• 계단 손잡이, 엘리베이터 버튼 등 많은 사람들이 접촉하는 물건에 손을 댈수 없다.

• 몸이나 손을 씻는 행위를 멈출 수 없다.

② 확인 행위

• 문은 잘 잠갔나, 가스 밸브는 잠갔나, 걱정이 되어서 확인하고 또 확인한다.

③ 의식 행위

• 어떤 일을 하기 전에 특정한 숫자를 센다거나, 자신만의 주문(머리를 긁적거린다) 등을 반복한다.

위의 세 가지가 주된 증상이다.

그 밖에도 물건을 버리지 못한다(예를 들면 나중에 필요할 것 같아서 오래된 광고 전단지도 쌓아 둔다), 차를 운전할 때 혹시 자신도 모르는 사이에 누군가를 치지 않았는지 끊임없이 걱정한다 등등 거의 망상에 가까운 수준까지 그 폭이 천차만별이다.

강박장애의 특징은 본인 스스로 강박적 사고나 행동이 지나치고 불합리하다는 사실을 자각하고 있다는 점이다.

'내가 원래 좀 예민해!' 혹은 '이건 나만의 징크스야'라고 대수롭지 않게 생각한다면 문제가 되지 않겠지만, 본인이 강박 사고나 강박 행동 때문에 괴로워하고 원만한 사회생활을 영위할 수 없다면 치료가 필요하다.

이 강박장애도 신경전달물질의 불균형이 깊이 관련되어 있는 것으로 추정되고 있다.

2. 강박장애의 증례와 치료 사례

강박장애에는 어떤 증상이 있고, 어떤 치료법이 있는지 사례를 통해 살펴보기로 하자.

어떤 증상?

● 손을 씻고 또 씻고

몇 년 전부터 깔끔 씨는 시도 때도 없이 손을 씻고 또 씻는다. 왜 이렇게 됐는지 특별하게 짚이는 일은 없지만, 결혼을 하고 집안일을 하는 동안 자신이 끊임없이 손을 씻고 있다는 사실을 알게 되었다.

더구나 손을 씻는 시간이 굉장히 길다. 한번 손을 씻으면 1시간 이상. 때문에 피부가 거의 벗겨질 정도다. 스스로도 그런 행동이 정상이 아니라는 사실을 잘 알고 있다. 하지만 손을 씻지 않으면 불안해서 견딜 수가 없다. 차츰 손을 씻는 빈도와 시간도 점점 늘어났다. 마침내 남편이 걱정스러운 목소리로 정신과 상담을 받아 보라고 권했다.

● 의사의 진단

의사는 깔끔 씨에게 손을 씻으면 어떤 기분이 드는지, 또 손을 씻지 않으면 어떤 일이 일어난다고 생각하는지 등을 물었다. 깔끔 씨는 스스로도 지나친 행동이라는 것은 잘 알지만, 손을 씻지 않으면 불결하고 병에 걸릴까 봐 걱정이 된다고 대답했다.

강박장애의 특징은 본인 스스로 자신의 행동이 '지나치고 불합리하다'는 것을 자각하고 있다는 점이다. 이 점은 깔끔 씨도 마찬가지.

진찰 결과, 의사는 깔끔 씨가 강박장애를 앓고 있다고 진단하고 손을 씻는 시간을 줄이는 훈련(행동치료) 계획을 세웠다.

우선 얼마나 자주 손을 씻는지 그 실태를 파악하기 위해 일주일 동안 손을 씻는 횟수와 시간, 손을 씻는 이유를 기록해 볼 것을 제안했다. 그리고 동시에 격심한 불안감을 달래기 위해 SSRI를 처방했다.

손을 씻지 않으면 불안하다고 하셨는데, 그럼 손을 씻지 않으면 구체적으로 어떤 일이 일어날 것 같으세요?

이성적으로는 그렇지 않다는 걸 잘 알고 있지만요, 오래오래 깨끗이 씻지 않으면 손에 더러운 병균 같은 것이 남아 있을 것 같아요. 그리고 병에 걸릴까 봐 걱정이 돼서 견딜 수가 없어요.

● 문제 행동을 기록한다

집에 돌아온 깔끔 씨는 의사의 지시대로 SSRI를 복용하면서 다음 진료 예약

일까지 일주일 동안 손 씻는 횟수와 시간을 꼼꼼하게 기록했다.

월요일에서 금요일까지 남편이 출근한 뒤부터 저녁때까지 반드시 1시간 정도 손을 씻고, 잠자리에 들기 전에도 매일 30분 이상 손을 씻는다는 사실을 알 수 있었다. 그러나 집안일, 화장실, 외출한 후에는 5~10분 이내로 확실히 일반인보다는 조금 길지만, 아침저녁에 비해서는 그리 긴 시간이 아니라는 사실도 파악할 수 있었다.

● 기록을 통해 상황을 파악하고 첫 번째 목표를 정한다

기록을 살펴본 의사는 우선 아침부터 저녁 시간대까지의 손 씻는 시간을 줄여 보자는 제안을 했다(제1목표).

남편의 귀가 시간이 가까우면 아무래도 손을 씻는 강박적 행동에 제동이 걸릴 것이라는 판단 아래, 저녁 시간 이후에는 특별한 제약을 두지 않더라도 손 씻는 시간이 더는 늘지 않을 것이라고 생각한 것이다.

[계획표]

● 제 1 목표

① 아침부터 저녁때까지의 손 씻는 시간을 55분으로 줄인다. 나머지 시간은 자유.

　(이를 4회 연속 성공하면 다음 단계로 진행한다.)

의사는 SSRI의 효능이 나타나기 시작하는 2주 정도까지는 깔끔 씨에게 무리한 목표보다는 실현 가능한 목표를 세우도록 유도했다. 이처럼 강박장애 환자라도 어느 정도 쉽게 따라 할 수 있는 작은 목표를 정하는 이유는, 환자 스스로가 목표를 성취했다는 느낌을 갖도록 하기 위해서다.

한편 의사는 남편에게도 깔끔 씨가 목표를 달성했을 때는 반드시 칭찬을 해 주라고 부탁했다. 남편은 깔끔 씨가 목표를 하나씩 이룰 때마다 인형을 사서 욕실을 장식하기로 했다.

● 목표를 조금씩 높여 성취감을 맛본다

깔끔 씨는 목표를 달성하지 못하고 몇 번인가 한 시간 이상 손을 씻고 말았지만, 드디어 8일째 되던 날 첫 번째 목표를 달성했다.

이어 의사는 두 번째 목표를 세웠다. 첫 번째 목표였던 55분을 50분으로 줄였다. 두 번째 목표도 일반인들이 보면 그리 어렵지 않은 수준.

[계획표]

● 제 2 목표

② 아침부터 저녁때까지의 손 씻는 시간을 50분으로 줄인다. 나머지 시간은 자유.
　(이를 4회 연속 성공하면 다음 단계로 진행한다.)

이번에는 단번에 성공했다. 스스로도 성취감을 만끽할 수 있었다. 이즈음 SSRI의 효과가 나타나기 시작해 불안감도 많이 누그러졌다.

드디어 제3목표, 제4목표를 향해 힘차게 출발!

[계획표]

● 제 3 목표 이후

③ 아침~저녁때까지의 손 씻는 시간을 30분으로 줄인다. 나머지 시간은 자유.(× 4회)

④ 아침~저녁때까지의 손 씻는 시간을 10분으로 줄인다. 나머지 시간은 자유.(× 4회)

⑤ 밤 시간의 손 씻는 시간을 10분으로 줄인다.(× 4회)

⑥ 밤 시간의 손 씻는 시간을 7분으로 줄인다.(× 4회)

⑦ 손 씻을 때마다 시간을 5분 이내로 끝낸다.(× 4회)

⑧ 손 씻을 때마다 시간을 2분 이내로 끝낸다.

목표 달성

그리고 2개월 뒤 깔끔 씨는 문제를 해결했다. 욕실에는 8개의 인형이 나란히 장식되어 있었다.

뇌철수 어? 근데 골인 지점까지의 스텝이 똑같은 보조로 진행되는 건 아닌 것 같아요?

뇌박사 바로 봤어. 최초의 목표는 성공 체험이 주된 목적이야. 한 시간 이상 손을 씻었던 깔끔 씨에게 단 5분이라도 시간을 줄였다는 성취감을 스스로 느낄 수 있게 하는 거지. '나도 하면 할 수 있다!' 는 느낌.

뇌철수 아! 그게 포인트군요. 그런데 앞에서 공황장애를 앓던 불안 양의 경우에는 SSRI의 효과가 나타나고 난 다음에 행동치료로 들어갔잖아요. 그런데 왜 깔끔 씨는 바로 시작한 거죠?

뇌박사 약효를 기다리는 경우도 물론 있어. 하지만 환자가 약의 힘으로 나았다는 인식을 갖게 돼서 나중에 약물치료를 중단할 때 시간이 걸리는 문제가 생길 수도 있거든. 약이 아닌 스스로의 의지로 나았다는 자각이 중요하지.

뇌철수 아, 감동 감동!!! 정말 여러 각도에서 검토하고 생각한 뒤에 치료 계획을 세우는구나!

뇌박사 하하하, 그럼 여기서 행동치료에 대해 다시 한 번 정리해 보기로 하지 (그림 3-2).

그림 3-2 ≫ 행동치료란?

치료 과정
① 문제 행동을 객관적으로 분석한다.
② 문제를 일으키는 행동을 여러 단계로 구분해서 난이도가 낮은 단계에서 높은 단계로 서서히 나아간다.
③ 훈련을 지속할 만한 아이디어를 짜낸다.
④ 성과를 보고하거나 달성했을 때에는 칭찬한다.

치료 대상 질병 _ 불안장애, 식사장애 등

3.5
인지치료

1. 인지치료란?

인지치료(認知治療, cognitive therapy)는 1960년대 미국에서 제창된 정신치료의 하나로, 여기서 말하는 인지란 '사물을 바라보는 사고방식, 사물을 받아들이는 방법'이라는 의미다. 즉 인지치료란 사고방식이나 사물을 받아들이는 방법 가운데 환자가 잘못 생각하는 부분을 바로잡아서 질병의 치유나 재발 방지를 목표로 하는 자기 구제(self-help)의 일종이다.

매사에 모든 일을 비관적으로 바라보고 사회생활을 영위하는 데 극심한 스트레스를 느끼는 사람이나, 회복기에 접어든 우울증 환자의 재활 치료에 효과적인 방법이라 할 수 있다.

2. 당신이 어쩌면 잘못 생각할 수도 있다

이 치료법의 고안자인 아론 벡(Aaron T. Beck)은 우울증에서 볼 수 있는 전형
적인 '인지(사고방식)의 오류'로서 다음의 여섯 가지를 꼽고 있다.

① 지레짐작의 과오

② 선택적 추상화

③ 지나친 일반화

④ 과장과 축소화

⑤ 개인화

⑥ 이분법적 사고

이를 참고로 해서 구체적인 사례를 살펴보자.

① 사물을 판단하는 데 구체적인 증거도 없으면서 무조건 선입견부터 갖는다.

뭐야, 일주일이나 전화가 없잖아!

결론 _ 분명 내가 싫어진 거야!

　〉〉 실은 상대방이 회사일로 바빠서 그럴 수도 있는데…….

② 자신이 집착하는 사실에만 마음이 간다.

우산이 없어서 비 맞은 생쥐 꼴이 되었다.

결론 _ 외출해서 기분 나쁜 일만 있었다.

　〉〉 좋은 일도 있었지만, 비에 젖은 사실에만 주목한다.

③ 단 한 가지 사례로 모든 일을 결론지어 버린다.

입시에 낙방

결론 _ 내 인생에 좋은 일은 이제 절대 없을 거야!

　〉〉 한 번의 입시로 인생이 결정되는 것은 아니다. 불충분한 근거로 잘못된 결론을 내린다.

④ 나쁜 일은 더 나쁘게 해석하고, 좋은 일은 아예 신경 쓰지 않거나 낮게 평가한다.

영어 점수가 나빴다.

결론 _ 영어 점수가 이렇게 형편없으면 다른 과목을 아무리 잘해도 소용없어!

수학 점수가 좋았다.

결론 _ 우연이겠지. 다음 시험에서는 엄청 떨어질지도 몰라.

〉〉 나쁜 일은 강조하고, 반면에 좋은 일은 인정하지 않는다.

⑤ 나쁜 일이나 잘못된 일은 모두 자기 책임이라고 생각한다.

메일을 보냈는데 답장이 없네.

결론 _ 내가 무슨 말을 잘못했나? 그래서 답장이 없는 거야. 어쩌지, 어쩌지!

〉〉 상대방은 아직 메일을 읽어 보지 못했다, 바빠서 답장을 할 겨를이 없다, 답장 보내
는 걸 원래 귀찮아한다 등등의 이유를 생각하지 못한다.

⑥ '예스' 혹은 '노'로 선택의 여지가 둘밖에 없다.

승진에 실패했다.

결론 _ 난 이제 끝이다. 회사를 그만둬야 해.

>> 이번에는 승진하지 못했어도 다음에 좋은 실적을 올려서 새로 도전할 수 있다는 사실을 인정하지 않는다.

최근 자신의 생활을 돌이켜 보았을 때 혹시 당신에게 적용되는 항목은 없는 가? 지나친 걱정이나 비관적인 생각은 누구나 할 수 있고, 실제로 모든 사람이 하면서 산다.

뇌철수 '저건 도저히 할 수 없겠다' 싶은, 그래서 아예 처음부터 포기하고 싶은 마음은 누구나 갖고 있잖아요. 이건 이래서 안 되고 저건 저래서 안 되고. 하지만 그렇게 피하기만 하면 할 수 있는 일이 아무것도 없죠. 더구나 비관적인 사고방식이 습관이 되어 버리면 사는 게 너무 우울하고 재미없을 거 같아요.

뇌박사 흠~ 철수 군. 생각하는 게 아주 어른스럽군! 자네 말이 맞아. 그런 식으로 포기하는 게 버릇이 되면 사람은 누구나 '인지의 오류'에 빠질 수 있어. 왜 유행가 가사 중에 '다 포기하지 마. 또 다른 모습에~'라는 구절도 있잖아. 산다는 게 그리 녹록하진 않지만, 그렇게 나쁜 것만도 아니야.

3. 우울증 인지치료의 발전형 _ 칼럼법

인지치료에서는 흔히 범하기 쉬운 오류를 염두에 두고 하루의 에피소드를 노트에 정리한다. 이때 중요한 것은 하나의 에피소드에 대해 어느 정도 시간을 갖고 그 인상을 기록한 뒤 검토해 보는 것이다. 이와 같이 자세히 기입한 후 검증하는 방법을 칼럼법이라고 한다.

다음의 에피소드를 한번 보자.

● 과장에게 무시당했다

평소와 다름없이 출근한 김 대리. 인사를 했지만 과장은 얼굴을 찌푸리면서 창밖에 시선을 고정한 채 무시했다.

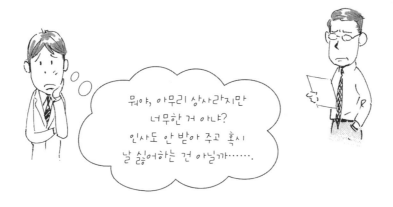

● 노트에 느낌을 적는다

김 대리 입장에서 본다면 과장의 태도가 마음에 들지 않는 것은 당연하다. 김 대리는 '과장님이 왜 그런 거지, 내가 뭘 잘못했나?' 하며 하루 종일 불안해했다.

그날 저녁 조금 일찍 귀가한 김 대리는 아침 '사건'과 관련해 그 당시 느낀 점을 노트에 적어 보았다. 그 다음은 자신이 최초에 느낀 점과는 '일부러' 다른 생각을 떠오르는 대로 노트에 적었다.

[아침에 그 자리에서 느낀 생각]

인사를 했는데 과장님은 얼굴을 찌푸리고 나를 쳐다보지 않았다.

→ 일부러 날 무시했어. 나를 싫어하는 거야.

[최초의 느낌과는 다른 생각]

① 과장님은 다른 일 때문에 기분이 상해 있었을지도 모른다.

② 과장님은 요즘 바쁘고 계속된 야근으로 굉장히 피로한 상태이다.

③ 다른 생각에 깊이 빠져 있어서 내가 인사하는 것을 보지 못했을지도 모른다.

다시 한 번 읽어 보자.

① 과장님은 다른 일 때문에 기분이 상해 있었을지도 모른다.

② 과장님은 요즘 바쁘고 계속된 야근으로 굉장히 피로한 상태이다.

③ 다른 생각에 깊이 빠져 있어서 내가 인사하는 것을 보지 못했을지도 모른다.

'일부러 무시했다. 나를 싫어한다'는 처음 느낌과 나중에 떠올린 세 가지의 다른 생각을 비교했을 때 처음의 느낌은 충분한 근거가 없는 추측이다. 아론 벡이 꼽은 여섯 가지 인지 오류 가운데 첫 번째 항목인 '지레짐작의 과오'와 비슷하다는 생각이 들지 않는가?

뇌철수   아, 맞다! 여유를 갖고 천천히 생각하니까, 처음 느낌은 왠지 나쁜 쪽으로 너무 '성급'하게 결론을 내린 것 같아요. 어쩌면 ③이 맞을지도 몰라요. 사실 여부는 모르지만 적어도 그렇게 생각하는 쪽이 마음 편하잖아요.

뇌박사   이런 훈련을 통해 환자는 마음속 깊이 새겨져 있던 '생각의 오류(왜곡된 인지)'를 스스로 깨닫게 되지. 또 잘못된 생각을 바로잡을 수 있는 중요한 실마리가 될 수도 있고. 늘 비관적으로 생각하고, 그래서 사회생활이 고되게만 느껴지는 사람들에게 효과적인 방법이라고 할 수 있지.

뇌철수 음, 그렇구나! 하지만 노트에 일일이 쓴다는 건 좀 귀찮은 일이잖아요. 안 좋은 일이 있을 때마다 언제나 늘 그렇게 꼼꼼하게 쓸 수 있을까요? 그리고 정말로 상사가 싫어할 수도 있고요. 마음이야 조금 편해지겠지만, 정말 이런 방법이 효과가 있을까요?

뇌박사 아, 그런 생각이 바로 '성급한 단정'에 해당하지(인지치료를 주장하는 사람은 이 순간을 기다려 이렇게 농담을 한다).

뇌철수 에이, 그런 식으로 말씀하시는 박사님이야말로 너무 남의 말 갖고 장난치시는 거 아니에요? 제가 했던 말을 그런 식으로 이용하시면 반론의 여지가 없잖아요. 저, 삐졌어요!

뇌박사 하하, 미안 미안. 기분 나빴다면 용서하게.

인지치료는 정말 효과가 있나요?

인지치료는 누구에게나, 어떤 경우에나 효과가 있을까?

실제 그 효과는 개인차가 큰 것이 사실이다. 일부러 처음 느낌과 다른 생각을 노트에 적어 보는 행동에서 조금이라도 마음의 위안을 얻는다면 괜찮은 방법일 테고, 글로 쓰는 것이 귀찮게만 느껴진다면 좋은 방법이라 할 수 없을 것이다.

또 진찰하는 쪽이 처음부터 엄청난 치료 효과를 기대하고 있다면, 효과가 나타나지 않을 때 '노력하는 자세가 부족하네요. 좀 더 열심히 해보세요!' 라는 식으로 환자를 다그칠 수도 있다. 원래 환자에게 도움을 주려고 시작한 치료법인데, 이렇게 되면 주객이 완전히 전도된 상황. 환자 본인이 효과가 있다고 느끼면 치료를 계속하면 될 것이고, 효과를 느끼지 못한다면 치료를 중단하면 된다.

인지치료의 창시자인 아론 벡 자신도 급성기의 우울증 환자의 경우, 약물치료가 필요하다는 사실을 강조하고 있다.

3.6
자율훈련법

독일의 정신과 의사인 쉬르츠(Johannes H. Schultz, 1884~1970) 박사가 창시한 자율훈련법(自律訓鍊法, autogenes training)은 치료법이라기보다는 몸과 마음의 긴장을 푸는 이완요법(弛緩療法)이다. 이 요법은 우선 의자에 앉거나 바로 누워서 편안한 자세로 긴장을 풀고 자기 최면을 건다.

눈을 감고 숨을 천천히 쉬면서,

'마음이 편안하다'
'양손 양발이 묵직하다'
'양손 양발이 따뜻하다'
'이마가 시원하다'

등등의 상황을 스스로 상상하면서 심신을 이완시킨다.

손발이 무겁게 느껴진다는 것은 근육이 이완(relax)된 상태이다. 몸과 마음의 상태를 스스로 조절하면서 긴장감을 푸는 것이다. 불안감이나 우울감, 스트레스가 심할 때 효과가 있다.

의자에 앉은 자세로
위와 같은 이미지를 떠올리는
방법도 있다.

3.7
모래놀이 치료 :
마음을 어루만지다

뇌박사 성인 환자들은 자신의 심리 상태를 말로 설명할 수 있지만, 아직 말을 배우지 못한 갓난아기나 언어 구사력이 미숙한 어린아이들은 자신의 마음을 어떤 식으로 표현할까?

뇌철수 음, 글쎄요. 아이들은 자기 마음을 말로 표현하기가 무지 어려울 것 같아요. 어른도 자신의 마음을 표현하는 게 그리 쉬운 일은 아니잖아요?

뇌박사 그렇지. 더욱이 아이들은 자신이 우울하다는 사실조차도 잘 몰라. 우울하다는 개념 자체를 모르기 때문이지.

1. 모래놀이 치료란?

'모래놀이 치료(sand play therapy)'는 어린이들을 위한 정신치료의 하나로, 영국의 소아과 의사인 로웬펠트(V. Lowenfeld)가 처음으로 고안했고, 스위스의 카르프(Dora M. Kalff)가 치료법으로 확립한 것이다.

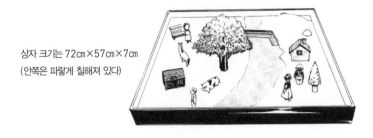

그림 3-3 ≫ 모래놀이 치료

상자 크기는 72cm×57cm×7cm
(안쪽은 파랗게 칠해져 있다)

준비된 완구 : 인형, 동물, 식물, 괴물, 탈것, 건물, 장식품, 울타리 등의 미니어처

방법은 모래가 들어 있는 나무 상자 안에 여러 가지 장난감(인형과 동물, 탈것, 집, 자연물, 로봇 등의 미니어처)을 이용해 아이에게 좋아하는 상상의 세계를 만들게 하고, 의사가 이를 관찰하는 것이다.

2. 어떤 모래상자를 사용할까?

어린이의 허리춤 정도의 높이에, 한눈에 볼 수 있는 크기로 만들어진 파란 나무 상자에 모래가 들어 있다. 이 모래로 산과 강을 만들고, 수많은 조각을 조합해 마을과 거리를 꾸미고, 건물과 식물·동물·사람들을 여기저기 배치하여 이야기를 만드는 것이다(그림 3-3).

3. 어떤 작품을 완성할까?

괴물이나 뱀 혹은 추락한 비행기 등을 배치하여 아이 자신의 내면을 겉으로 드러낼 때도 있지만, 완성 작품을 보고 해석하려면 깊은 통찰력과 고도의 기술이 필요하다.

 미술치료

그림을 그리게 하거나, 신문지나 종이·벽지 등을 오려 붙이는 콜라주 기법으로 작품을 만들게 하여 환자의 내면에 있는 문제점을 파악하는 치료도 있다. 이들 치료와 모래놀이 치료의 공통점은 언어를 이용하지 않는 비언어적 표현이라는 점이다. 환자 자신도 의식하지 못한, 혹은 언어화할 수 없는 문제점을 눈에 보이는 형태로 제시할 수 있다는 점에서 효과적인 치료법이 될 수 있다.

3.8
정신사회적 치료의 과학적 근거

1. 행동치료와 인지치료의 효과가 증명되고 있다

　지금까지 설명한 정신사회적 치료는 단지 경험의 축적에 불과하며, 과학적 근거는 부족하다는 인상을 혹 받았을지도 모른다. 실제로 정신사회적 치료의 실천과 병의 치료 사이에는 뚜렷한 인과관계를 증명하기 힘들다. 때문에 과학적인 데이터가 없으면 믿지 못하는 사람들은 '정말 효과가 있을까?'라는 의구심을 가질 수도 있다.

　그러나 행동치료와 인지치료를 받은 환자와 받지 않은 환자를 무작위로 뽑아서 병의 경과를 조사한 결과에 따르면, 정신사회적 치료를 받은 환자가 뚜렷한 병세의 호전을 보인다는 사실이 통계학적으로 입증되고 있다.

2. 행동에 따라 뇌 기능이 변해 간다?

행동치료를 둘러싼 흥미로운 연구 결과 하나를 소개한다.

신경전달물질의 작용과 감정·정서 등의 인간의 마음은 별개라는 견해가 있

**
PET : 양전자를 이
용해서 뇌의 기능을
측정할 수 있는 장치
(217쪽 참조).

다. 그러나 행동치료를 통해 증상이 호전된 환자들의 뇌를 PET**라는 측정 장
치로 조사해 보았더니, 뇌 기능에 뚜렷한 변화가 생겼다는 사실이 밝혀졌다
(Furmark, 2002).

즉 뇌는 어떻게 행동하느냐에 따라 그 기능이 변한다는 사실이 과학적으로
입증된 셈이다. 이 방면의 연구가 발전하면 더욱 효과적인 행동치료가 등장하
리라 기대된다.

Doctor memo 정신과 의사와 정신분석 의사

정신분석 의사는 정신과 의사 가운데 특히 정신분석의 훈련(교육분석 등)을 받은 의사
를 말한다. 치료를 할 때는 주로 정신분석을 사용한다.
한편 일반 정신과 의사는 약물치료 등 신체에 기초를 둔 치료법을 중심으로 인지치료와
행동치료 등의 정신사회적 치료를 병행하여 치료한다.

표 3.1 >> 주요 정신사회적 치료

치료법	방법	특징	상태·병명
개인 정신치료	치료자가 적극적으로 경청한다	본래 자신의 모습을 발견한다	가벼운 우울 상태, 불안 상태, 스트레스 상태
행동치료	학습이론에 기초를 두고 행동을 훈련한다	습관화된 부적응 행동을 수정한다	불안장애·식사장애
인지치료	부정적 인식과 무의식적 가정을 검토하고 교정한다	왜곡된 인식을 바꿈으로써 행동이 개선된다	우울증·불안장애
자율훈련법	자기 최면을 통해 긴장을 푼다	심신의 이완	우울증·불안장애, 스트레스 상태
모래놀이 치료	모래 위에 다양한 도구(인형이나 건물, 동물 등)를 늘어놓는다	문제점을 찾아내기 위한 비언어적 자기 표현법	아동에게 흔한 불안장애, 정신분열병, 지적·신체적 장애
정신분석	자유연상법과 꿈의 해석	어린 시절 부모와의 관계를 분석함으로써 심리적인 문제의 원인을 규명한다	모든 신경증
집단 정신치료	집단 활동을 통해 타인과의 교류를 체험한다	고립감을 예방하고 같은 장애를 가진 사람들과의 연대감을 높인다	불안장애를 비롯한 대부분의 정신장애

프로이트와 행동심리학, 그리고 행동치료

●● 프로이트 : 무의식을 탐구한다

지그문트 프로이트(Sigmund Freud, 1856~1939)는 오스트리아에서 태어난 정신분석의 창시자로 유명한 인물이다. 그가 제창한 '무의식'이라는 개념(그림 1)은 정신의학계뿐만 아니라 20세기 사상 전반에 영향을 미쳤다.

프로이트의 이론은 방대하기 때문에 여기에서는 치료법에 국한시켜서 살펴보기로 한다.

프로이트는 마음의 병의 원인이 심리적인 요인에서 비롯된다고 생각했다. 환자가 과거에 당했던 심한 정신적인 충격이 '무의식' 속에 억눌려 있다가 외상(트라우마)이 되어서 훗날 마음의 병으로 나타난다고 생각한 것이다.

정신분석은 그 트라우마를 치유하기 위해 본인이 자각하지 못하는 무의식(심층 심리)을 탐구하기 위한 기법이었다. 프로이트는 병의 원인인 트라우마를 무의식 속에서 끄집어 내기 위해 환자를 안락의자에 눕힌 뒤, 생각나는 것을 자유롭게 말하도록 했다(자유연상법, 그림 2).

그러나 환자가 연상하는 내용은 무한하고, 그것을 해석하기 위해 통일된 규칙을 마련하는 것도 사실상 불가능했기 때문에, 치료자의 주관에 전적으로 의존할 수밖에 없었다. 결과적으로 객관성

그림 1 >> 의식과 무의식의 상극하는 이미지

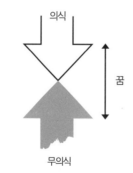

의식

꿈

무의식

'자유연상(自由聯想, free association)' 하면 흔히 생각나는 것이 피험자의 꿈을 말하게 하는 프로이트의 꿈의 해석이다. 본인도 의식하지 못하는 심층의 심리를 치유하기 위해서는 평소에는 수면 밑에 가라앉아 있는 무의식의 영역을 탐구해야 하고, 잠잘 때 꾸는 꿈이야말로 무의식의 표출이자, 환자가 갖고 있는 문제의 심리적 원인을 찾아낼 수 있게 해주는 통로라고 프로이트는 생각했다.

그림 2 >> 자유연상법

환자를 긴 의자에 눕게 하고 떠오르는 것들을 자유롭게 말하게 한다.

치료자는 환자가 볼 수 없는 위치에 앉고, 환자는 상체를 약간 위로 향하게 해서(15°) 눕는다.

이 결여될 수밖에 없었고, 치료 효과 역시 미미했다(물론 신경전달물질의 불균형 등 물리적 원인이 있는 환자에게 자유연상법을 반복해도 효과가 나타나지 않는 것은 당연한 일이었겠지만).

●● 행동심리학 : 손다이크의 '문제 상자'

지적 유희로 변모한 정신분석에서 유래된 심리학과는 별개로, 20세기에 접어들자 미국에서는 객관적인 증거에 기초한 과학적인 심리학을 목표로 행동심리학이 대두되기 시작했다.
행동심리학은 '자극과 그에 반응하는 행동'이라는 객관적인 사실을 관찰함으로써 심리 메커니즘의 법칙을 발견하고자 하는 학문이다.

　행동심리학의 연구는 동물 실험을 통해 이루어졌다. 행동심리학에서 고전적인 위치를 차지하는 유명한 연구로는 손다이크(Edward L. Thorndike, 1874~1949)의 문제 상자(puzzle box)를 꼽을 수 있다.

손다이크의 문제 상자란? : 개, 고양이, 원숭이 등의 동물을 굶주린 상태로 상자에 가둔다. 열악한 환경과 공포심으로 동물들은 상자 안을 날뛰며 돌아다닌다.

　이 상자 안에는 닿으면 쉽게 움직이는 레버가 부착되어 있어서, 동물들이 뛰어다니다가 우연히 닿으면 상자의 문이 열리게끔 고안되어 있다. 그리고 상자 밖에는 맛있는 먹이가 준비되어 있다. 기이한 상자에 갇혀 있는 동물 입장에서 보면 엄청난 재난이겠지만, 일단 레버를 누르고 탈출하면 먹이라는 보상이 기다리고 있다.

이 실험을 반복하는 동안 동물들은 좁은 상자 안에 갇혀 있어도 공포에 떠는 것이 아니라, 나름대로 대처할 수 있게 되었다.

손다이크의 실험은 어느 정도 지능이 있는 동물은 공포를 동반하는 상황에서도 보상이 주어지면 그 상황을 견뎌낼 수 있으며, 발 빠르게 대처할 수 있게 된다는 사실을 증명한 셈이다.

그림 3 >> 손다이크의 문제 상자

상자 안에는 닿기만 하면 쉽게 문이 열리는 레버가 달려 있다.

그러는 동안 우연히 레버를 누르게 되고

점점 익숙해진 야옹이!
점점 재밌어진 멍키!

●● 행동치료 : 성취감과 자신감의 회복

뇌철수 어쩌면 인간에게도 이 법칙이 성립될지 모르겠군요. 사람은 아무리 힘든 일이라도 보수가 많으면 열심히 하잖아요. 또 익숙해지면 힘든 일도 적응이 되는 것 같고.

뇌박사 그야 인간도 동물이니까 그럴 수 있겠지. 실제 사회에서는 이처럼 단순하지는 않겠지만, 아무래도 보상이 주어지면 힘이 나는 건 사실이지.

뇌철수 단 인간에게 주어지는 보상은 바나나나 사과가 아니겠지만요.

뇌박사 하하하, 물론 그렇지. 행동치료에서 보상에 해당하는 것은 아마도 물질적인 것이 아니라 성취감이나 자신감의 회복이라고 할 수 있을 거야. 인간은 경제적인 이득이 없어도 여러 가지 일에 도전하는 경우가 많으니 말이야. 그 점을 감안한다면 행동치료를 지속하는 동기부여로서 성취감이나 자신감의 회복이 중요하다는 사실을 쉽게 이해할 수 있지.

제 4 부

마음의 병을 치료하는 약

정신의학 현장에서 그 기능과 효과를 발휘하는 약물이 등장한 것은 20세기 후반이 지나서였다. 그러나 오늘날에는 탁월한 효과를 자랑하는 다양한 치료제가 속속 개발되고 있다. 마음을 치료하는 약의 역사를 짚어 보고, 지금 그리고 앞으로의 과제를 살펴보기로 하자.

마음의 병을 치료하는 약이라고 하지만, 보기에는 다 그게 그거 같은 걸!

뇌철수   며칠 전 머리가 지끈지끈 아파서 약국에 갔거든요. 두통약을 달라고 했더니 종류가 무지 많더라고요. 어떤 약을 사야 하나 고민하다 보니까 머리가 더 아픈 거 있죠?

뇌박사   근데 인공두뇌에게도 효험이 있는 두통약이 있나 모르겠네?!

뇌철수   지극히 개인적인 질문은 사절입니다. 저도 프라이버시가 있다고요! 근데 약국에는 진짜 무지 많은 약들이 있었지만, '마음의 병에 잘 든는다'고 선전하는 약은 본 적이 없는 것 같아요.

뇌박사   오호, 제법 예리한데. 인간의 정신 상태에 작용하는 약이니까 아무래도 신중하게 다루어야겠지. 그래서 정신 질환 치료제와 관련해서는 약사법(藥事法)**으로 엄격한 규제를 하고 있어. 항불안제나 항우울제, 항정신병 약물은 의사의 처방전이 없으면 살 수 없지.

자, 그럼 이 장에서는 마음의 병을 치료하는 약에 대해서 공부해 보기로 하지. 약의 역사를 따라가다 보면 정신의학의 흐름도 자연스럽게 알 수 있으니까.

**
약사법 : 약사에 관한 사항을 규정하고 그 적정을 기하여 국민 보건 향상에 기여함을 목적으로 하는 법률로, 약국·의약품·의료용구 등의 기준과 취급을 규정하고 있다.

마음의 약의 역사

1. 자연에 존재하는 것이 약이 되었다

　원래 약은 자연계에 널리 퍼져 있는 동식물이나 광물을 채집하여 사용한 데
서 출발했다. 이는 마음의 치료제도 마찬가지인데, 예를 들면 서양고추나물(성
요한의 풀)이나 코카(coca)와 같은 식물에는 정신을 고취시키는 작용이 있어서
예로부터 약으로 이용되었다(그림 4-1).

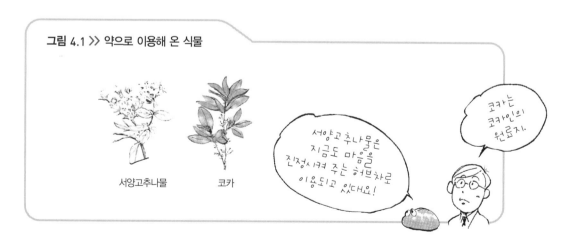

그림 4.1 >> 약으로 이용해 온 식물

서양고추나물　　　코카

서양고추나물은 지금도 마음을 진정시켜 주는 허브차로 이용되고 있대요!

코카는 코카인의 원료지.

2. 정신병 치료제의 탄생 _ 클로르프로마진

그렇다면 마음의 치료제가 화학적으로 만들어진 계기는 무엇일까?

신경전달물질에 작용하는 본격적인 화학 약물인 클로르프로마진(chlorpromazine, 항정신병약)이 정신과 치료제로 등장한 것은 1952년이다.

이 클로르프로마진의 모체가 된 약은 '인공 동면(人工 冬眠, artificial hibernation)' 약제로 이 약의 개발에 열을 올리던 프랑스의 외과의사인 라보리(H. Laborit)가 처음으로 발견했다.

'인공 동면'이라고 하면 기괴하게 들릴지도 모르지만, 인간의 생명 유지 활동을 일시적으로 저하시킴으로써 생명과 관련된 외상과 같은 스트레스가 가해질 때 생체의 무리한 방어 반응을 막기 위해 연구된 치료법이다. 이 연구는 오늘날의 저체온법으로 이어졌다.

라보리는 생명 활동을 일시적으로 동면시키기 위해서는 중추신경계를 마비시킬 필요가 있다고 보고, 중추신경계에 작용하는 약제를 찾았다. 그 당시는 신경전달물질 이론이 확립되기 전이었기 때문에, 라보리는 경험적으로 효험이 있을 것 같은 화학 약품을 합성하기 시작했다.

그런데 뜻밖에도 이 같은 목적으로 개발된 인공 동면 약제가 정신분열병의 급성기 흥분 상태를 진정시키는 데 크게 효과가 있다는 사실이 밝혀졌다. 약을 투여한 환자에게서 환각이나 망상 증상이 사라지고 흥분 상태가 진정되면서 퇴원하는 환자가 크게 늘어난 것이다.

작용 메커니즘은 밝혀지지 않았지만, 정신과 의사들은 정신 질환에 효과가 있는 치료제를 처음으로 손에 넣은 셈이었다.

이 클로르프로마진은 1950년에 최초로 합성되었고, 1950년대 중반에 의약품으로 일반적으로 이용하게 되었다. **

**
그 이전에도 다른 분야에서는 제암제(制癌劑, 오늘날 말하는 항암제)의 선구적인 약제의 부작용 억제제로서 사용되었는데, 당시에는 정신 건강에 효과가 있다는 사실을 몰랐다.

오호, 그런 뒷이야기가 있는 줄은 꿈에도 몰랐어요!

3. 훗날 밝혀진 작용 메커니즘

클로르프로마진은 신경전달물질인 도파민 수용체를 차단시킴으로써 도파민의 활동을 억제한다(그림 4-2). 이 작용이 신경세포의 흥분을 진정시키고 망상을 소실시키는 것이다.

정신분열병에 탁월한 효과가 있다는 사실이 확인된 후 클로르프로마진은 의료 현장에 급속히 보급되었다. 그러나 그 약리 작용이 규명된 것은 1980년대 후반 스웨덴의 아르비드 카를손(Arvid Carlsson)**교수의 연구를 통해서였다.

아르비드 카를손 : 뇌 신경 약리학자. 도파민의 부족이 파킨슨병의 원인이라고 밝힘으로써 신경전달물질의 메커니즘을 규명한 공로로 2000년 노벨 의학상을 수상했다.

뇌철수   으음~ 객관적인 근거나 이론이 먼저 나왔던 게 아니구나.

뇌박사   그렇지. 우연히 효과가 뛰어난 약이 발견되고, 그 약이 왜 효과가 있는지를 연구한 결과, 신경전달물질의 이론이 확립된 거지.

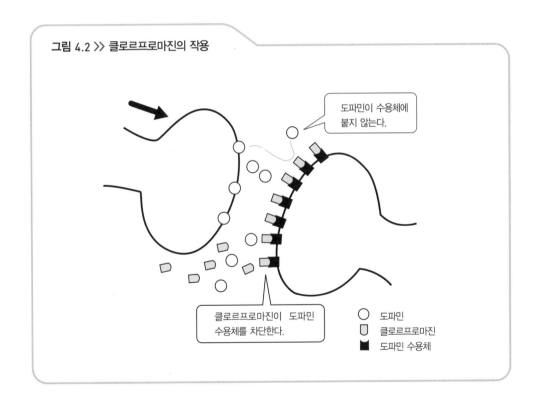

그림 4.2 ≫ 클로르프로마진의 작용

도파민이 수용체에 붙지 않는다.

클로르프로마진이 도파민 수용체를 차단한다.

○ 도파민
▢ 클로르프로마진
◼ 도파민 수용체

뇌철수 그러고 보니 의약품 개발에는 '우연히' 약을 발견하게 된 사례가 꽤 많은 것 같아요. 종두나 페니실린도 그렇잖아요.

뇌박사 음, 잘 알고 있군! 역시 인공두뇌에는 못 당하겠는걸.

4. 우울증 치료제의 개발

● 삼환계 항우울제 이미프라민

삼환계 : 화학 구조가 공통적으로 3개의 벤젠 고리 ⬡로 되어 있어서 붙여진 이름 이다.

클로르프로마진에 이어서 1956년, 스위스에서 우울증 치료에 효과가 있는 삼환계(三環系)** 항우울제인 이미프라민(imipramine)이 등장했다(그림 4-3 ①).

이 약은 처음에는 정신분열병 치료를 위해 개발되었지만, 우울 증상을 개선하는 효과가 탁월해서 최초의 항우울제로 자리 매김하게 되었다.

삼환계 항우울제는 노르에피네프린과 세로토닌을 증가시킴으로써 우울 증상을 덜어 주는데, 이러한 메커니즘이 밝혀진 것은 1960년대 이후이다. 클로르프로마진과 마찬가지로 효과가 먼저 인정되고, 나중에 그 작용 메커니즘이 확인된 셈이다.

그림 4.3 》 항우울제의 화학 구조식

① 삼환계 항우울제

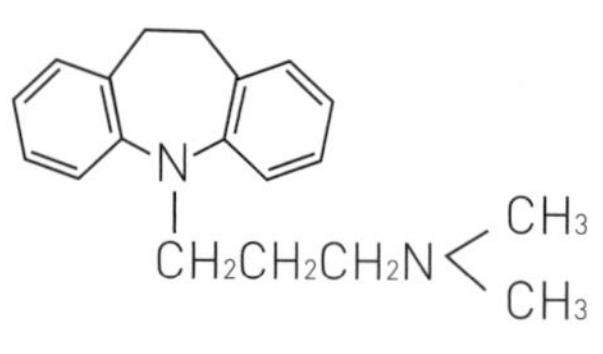

일반 명칭 [이미프라민]

② 사환계 항우울제

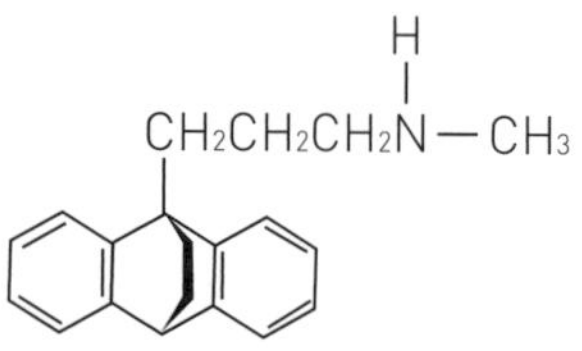

일반 명칭 [마프로틸린(maprotiline)]

그러나 삼환계 항우울제의 경우, 치료와 관계없는 불필요한 수용체에도 영향을 미쳐 부작용이 속출했다. 특히 삼환계 항우울제는 신경전달물질의 일종인 아세틸콜린의 수용체를 차단해 버린다. 아세틸콜린은 주로 신체 기능과 관련된 신경전달물질로, 아세틸콜린이 부족하면 변비나 갈증을 초래한다(이를 '항(抗)콜린' 작용이라고 한다).

이들 부작용을 줄일 목적으로 사환계 항우울제(그림 4-3 ②)가 등장했다. 그러나 부작용이 줄어든 만큼 약효는 다소 약해졌다.

● SSRI의 등장

삼환계, 사환계에 이어 등장한 것이 SSRI 다. SSRI는 신경세포에서 분비된 세로토닌이 다시 원래 세포로 흡수되는 출입구를 봉쇄함으로써, 결과적으로 시냅스에서의 세로토닌 농도를 높이고 수용체와 결합하는 세로토닌의 양을 늘리는 작용을 한다.

이 SSRI라는 약물은 주로 세로토닌에만 영향을 미치기 때문에 삼환계, 사환계와는 달리 다른 신경전달물질에는 별다른 작용을 하지 않는다. 따라서 부작용이 거의 없는 것이 특징이다. SSRI는 앞에서 치료제로 빈번하게 등장한 것만 봐도 알 수 있듯이 지금도 정신과에서 가장 많이 이용되고 있으며, 치료 계획의 기본이 되는 약이다.

● SNRI로 발전

SSRI에서 발전한 것이 SNRI (serotonin-norepinephrine reuptake inhibitor, 세로토닌과 노르에피네프린 재흡수 억제제) 계열의 약물이다.

이 약물은 SSRI의 역할인 세로토닌의 재흡수를 억제하는 기능에다 노르에피네프린의 재흡수를 억제하는 기능도 더해진, 말하자면 SSRI의 업그레이드 치료제다.

세로토닌과 노르에피네프린의 재흡수를 차단할 수 있다면, 세로토닌의 부족으로 발생하는 불안·초조감의 개선과 함께 노르에피네프린의 부족으로 나타나는 의욕 상실을 개선할 수 있다.

그러나 실제로는 불안과 의욕 상실을 따로따로 개선한다기보다는, 두 가지 작용이 어울려 우울증에 대한 치료 효과를 높이는 것이다.

● 과학적으로 약을 디자인하는 시대

지금까지 삼환계 항우울제에서 SSRI로 치료제가 개발되어 온 흐름을 살펴보았다. 우연히 발견한 정신 질환 치료제는 현재, '효과는 최대로, 부작용은 최소로'라는 기치를 내걸고 약을 화학적으로 디자인하는 단계에까지 이르렀다.

술은 과연 '마음의 약'일까?

뇌철수 그러니까 신경전달물질에 작용하는 마음의 치료제가 본격적으로 개발된 것은 최근의 일이라는 말이네요.

뇌박사 그렇지. 하지만 오늘날의 정신 질환 치료제를 '신경전달물질에 작용하는 약'이라는 점에 포인트를 맞춘다면, 예전에도 오늘날과 유사한 약이 있었어. 그것도 몇천 년 전부터……

뇌철수 네? 그게 뭔데요?

뇌박사   에틸알코올, 그러니까 술이지. 얘기가 조금 삼천포로 빠지는 감이 있지만, 잠시 술에 대해서 한번 알아보기로 할까.

    술, 즉 알코올이 뇌에 작용하여 '알딸딸'한 기분을 자아낸다는 것은 아주 오래 전부터 알려진 사실이다. 지금은 과학의 발달로 알코올이 신경전달물질인 GABA 수용체에 작용한다는 구체적인 사실이 밝혀졌다.

    알코올도 벤조디아제핀 계열의 항불안제와 마찬가지로 GABA 수용체와 결합해서 불안감을 억제하고 행복감을 자아낸다. 바로 이것이 술을 마시면 맛보게 되는 거나한 기분의 원리이다.

    이 효과만을 놓고 본다면 술이 치료제로서 효과가 있다고 할 수도 있다. 하지만 알코올은 약물과 달리 적당량을 조절하기 어렵고, 뇌 전체로 퍼지는 성질이 있다. 때문에 과다하게 섭취하면 호흡중추 등에 영향을 미쳐서 위험 상황에 직면할 수 있다(급성 알코올 중독은 사망에 이른다). 게다가 장기 등에 나쁜 영향을 초래한다.

    정신 질환 치료제란 일정한 정신 활동에만 바람직한 변화를 꾀하는 약을 의미한다. 따라서 술도 분명 정신 기능에 영향을 미치는 것은 사실이지만, 정신 질환 치료제는 아니다.

4.2
정신 질환 치료제의 종류

정신과에서 처방해 주는 약에 어떤 효과가 있는지 알기 어려운 이유 중 하나로, 약의 분류가 통일되어 있지 않다는 사실을 꼽을 수 있다. 예를 들면 삼환계 항우울제나 사환계 항우울제와 같이 화학 구조식에서 그 이름이 유래된 것이 있는가 하면, SSRI나 SNRI와 같이 약리 작용을 바탕으로 이름이 지어진 것도 있다.

그러나 구조식이나 약리 작용도 중요하지만, 가장 중요한 것은 어떤 질병에 도움이 되는가 하는 사용 목적이다. 여기에서는 사용 목적에 따른 분류를 알아보기로 한다.

사용 목적에 따른 분류에서 혼동하기 쉬운 것이 '향○○'과 '항○○'으로, 언뜻 듣기에는 비슷하지만 전혀 다른 의미의 표현이다.

'향○○'에서의 '향(向)'이란 '(정신을) 향해서 작용한다, 즉 정신 활동에 도움이 된다'는 뜻이다. 반면에 '항○○'에서의 '항(抗)'은 '각각의 질병이나 증상에 대항한다, 저항한다'는 뜻으로 쓰인다.

향정신성 약물 : 정신에 작용하는 약의 총칭

항정신병 약물 : 정신분열병 치료제. 환각이나 망상을 없애는 작용이 있다.

항우울제 : 우울증 치료제. 기분을 밝게 해주고 의욕을 고취시킨다.

항불안제 : 불안 치료제. 신경안정제라고도 한다. 불안이나 긴장을 없애는 약이다.

기분안정제 : 조울증 치료제. 과도하게 들뜬 기분이나 침울한 기분 등 기분의 굴곡을 개선, 예방한다.

항경련제 : 간질 치료제. 간질 발작을 막는다.

수면제 : 불면증 치료제

뇌철수　우와~ 약 이름이 너무 어려워요. 조금 전에 나온 이미프라민이나 클로르프로마진, 거기에다 벤조디아제핀까지. 아~ 기억하기도 힘들고, 발음하기도 힘들어요.

뇌박사　그건 말이야, 마음을 다스리는 약에만 국한된 이야기는 아니야. 약 이름은 기억하기 어려운 것이 너무 많지. 나도 의대 다닐 때 약 이름 외우느라 꽤나 고생했지.

뇌철수　'튼튼 정' 같은 건 기억하기 쉽잖아요?

뇌박사　대체로 일반 약국에서도 구입할 수 있는 약은 소비자들이 기억하기 쉽게 친숙한 이름을 붙이는 경우도 있거든.

약물치료와 부작용

1. 부작용의 종류

약에서 비롯된 모든 부정적인 현상을 지칭해 부작용이라고 한다. 부작용에도 여러 가지가 있는데, 가장 중요한 것은 복용을 중단해야 하는 부작용과 복용을 지속해도 좋은 부작용을 구별하는 것이다.

● 복용을 중단해야 하는 부작용

특이 체질이나 특별한 경우에 나타나는 부작용에는 주의가 필요하다. 체질적으로 특정한 사람에게만 나타나는 이상 반응이 있을 수 있는데, 이때는 복용을 중단해야 하는 경우가 대부분이다. 그러나 많은 사람들에게서 이상 반응이 일어나는 약물은 애초에 시판이 허용되지 않기 때문에 이는 극히 일부 사람에게서만 나타나는 현상이다.

한편 신체 질환이 있는 경우에는 부작용이 강하게 나타날 수 있다. 예를 들면 간이 나빠서 대사 기능이 저하된 환자의 경우, 통상적인 복용량으로도 약리 작용이 강하게 나타나 간에 나쁜 영향을 줄 수 있다. 이때도 약을 중단 혹은 감량해야 한다.

● 복용을 지속해도 좋은 부작용

신경이 쓰이는 증상이라도 신체에 위험 부담이 없는 부작용은 대책을 마련하면서 약을 계속해서 복용한다.

예를 들면 정신 질환 치료제 중에는 복용하면 갈증을 느끼게 되는 약이 많은데, 이럴 때는 물을 자주 마셔서 갈증에 대처한다. 눈이 침침해지는 현상도 간혹 가다 나타난다. 이때는 사물에서 조금 멀리 떨어져서 보면 제대로 보이는 경우가 있다. 어지럼증이 느껴질 때는 시간대를 고려해 취침 전에 복용하는 것이 좋고, 계단을 오르고 내릴 때 손잡이를 잡는 등의 대책을 마련해야 하는 경우도 생길 수 있다.

한편 약을 복용하는 시간대가 잘못돼서 부작용이 생길 수도 있다. 기분을 고취시키는 항우울제는 밤에 복용하면 잠을 이룰 수 없으므로 오전 중에 복용해야 한다. 위가 약한 사람은 위 보호제를 함께 복용하면 문제가 해결된다. 그 밖에 일정량 이상으로 복용했을 때 부작용이 생기는 경우도 있다. 질병의 상태에 따라 필요량이 달라지기 때문에 병의 증상에 맞는 양을 복용하는 것이 중요하다.

또 약의 작용과 직접적으로 관련이 없는 증상인데도 부작용이라고 느끼는 경우가 있다. 가령 머리가 무겁고, 속이 더부룩하고 답답하며, 잠을 이룰 수 없다거나 현기증 등의 부작용을 호소하는데, 이는 약을 먹었다는 심리적인 영향에 기인하는 경우가 대부분이다.

이와 같이 위험성이 없는 부작용에는 적절하게 대처함으로써 복용을 지속하는 것이 바람직하다.

2. 부작용에 대한 적절한 대처

유전적으로 정해져 있는 대사 효소에는 개인차가 있어서 약을 복용했을 때 혈중 농도에 큰 차이가 생긴다. 따라서 같은 약이라도 효과나 부작용에 개인차가 생기는 것이다.

우선 복용하고자 하는 약의 효과와 생길 수 있는 부작용을 알아 둘 필요가 있다. 그리고 부작용이 생기면 증상을 구체적으로 판단해서 대처한다. 간혹 거부감이나 불안감 때문에 중간에 약을 끊어서 기대했던 효과를 올릴 수 없는 경우도 있다.

한편 대책을 세울 수 없는 부작용도 있다. 이런 경우에는 약을 복용함으로써 얻을 수 있는 이점과 부작용의 단점을 저울질해서, 복용을 지속할 것인가 혹은 다른 치료로 대체할 것인가를 결정한다.

3. 환자들이 자주 하는 질문

다음은 환자들이 자주 하는 질문이나 궁금증을 정리한 것이다.

Q: 정신과에서 처방해 주는 약은 위험하다는 얘기를 들었는데, 사실인가요?

A: 최초로 개발된 신경안정제인 메프로바메이트(meprobamate)라는 약물은 내성이 생겨서 복용량을 점차 늘려야만 했다. 이 약이 정신적으로도 신체적으로도 중독성이 있었기 때문에 정신과의 모든 치료제가 의존성이 있다는 잘못된 인식이 퍼진 듯하다.

하지만 메프로바메이트는 더 이상 처방되지 않고 있다. 현재 처방되고 있는 항불안제에는 내성이 있더라도 정도가 미미하고, 사용법의 조절 여부에 따라서 의존성이 발생하지 않는다. 안정성도 뛰어나다. 다만 예전에 나온 수면제 가운데는 의존성이나 내성이 있는 약물도 있으므로 주의가 필요하다. 그러나 전문의가 이와 같은 사실을 잘 알고 있기 때문에 미리 걱정할 필요는 없다.

한편 향정신성 약물을 쾌락을 위해 장기간 복용하면(물질 남용**이라고 한다) 약물에 중독이 되어서 약이 없으면 정상적인 생활을 유지할 수 없게 된다. 이를 '습관성 중독'이라고 한다. 질병 치료를 위해 장기간 복용하는 것은 습관성 중독이 아니다. 뇌의 기능을 바로잡기 위해 필요한 것으로, 병이 나으면 안전하게 복용을 중단할 수 있다.

Q: 한번 약을 먹으면 계속해서 먹어야 한다는 소리를 들었는데, 사실인가요?

A: 약을 복용해서 증상이 없어졌기 때문에 복용을 중단하면 다소 심신의 부조화가 나타날 수 있다. 여기에는 두 가지 경우가 있다.

첫 번째 경우는 증상은 나타나지 않지만 질병 그 자체가 아직 완치 되지 않았을 때로, 약을 중단함으로써 증상이 다시 나타나는 경우다. 증상이 사라지고 생활의 질도 개선되면 병이 다 나았다고 생각하고 싶은 마음은 충분히 이해가 가지만, 병이 완치되지 않았다면 약을 계속해서 복용해야 한다. 근시 환자가 안경을 끼고 사회생활을 하는 것과 마찬가지로, 약을 활용해 질 높은 삶을 영위하는 편이 바람직하지 않을까?

두 번째 경우는 약을 급하게 끊었을 때로, 초조·불면·위(胃)의 이상 증상 등 불안 증상이 나타날 수 있다. 이를 '금단 증상(禁斷 症狀, withdrawal symptoms, 이탈 증상이라고도 한다)'이라고 한다. 벤조디아제핀을 일정기간 복용하면 몸에 일종의 내성이 생긴다. 병이 완치되어서 더 이상 약을 복용하지 않아도 되는 경우에는, 금단 증상이 나타나지 않도록 계획적으로 복용량을 줄임으로써 안전하게 복용을 중단할 수 있다.

**
물질 남용 : 여기서 물질(substance)이란 뇌에 영향을 주어 의식이나 마음을 변화시키는 물질을 말한다. 남용이란 사회적 또는 직업상의 기능장애를 초래하는 물질의 병적 사용, 즉 의학적 사용과는 상관없이 약물을 지속적으로 또는 빈번히 사용하는 것을 말한다.

Q: '마음의 병은 신체에 원인이 있는 것이 아니라 정신적인 것이다. 정신적인 것은 정신력으로 고쳐라. 약에 의존해서는 안 된다'고 주위에서 얘기하는데, 어떻게 해야 하나요?

A: 뇌도 장기 가운데 하나이므로 병에 걸리는 경우가 있다. 부디 감기나 위염과 같은 신체 질환과 똑같이 생각해 주기 바란다.

뇌가 아플 때 증상이 가벼운 경우라면 생활을 바꾸거나 마음가짐을 달리함으로써 치유가 될 수 있지만, 일반적으로 약물치료와 정신사회적 치료를 병행해서 치료하는 것이 시간적으로도 그렇고, 또 완치 정도를 비교해도 훨씬 더 생산적이다. 질병을 의학적으로 확실하게 치료한 뒤에 '정신력'을 발휘하면 더 좋지 않을까?

Q: 정신과에서 주는 약을 먹으면 두뇌 회전이 느려지고 성격도 바뀌며, 심지어 바보가 된다는 소리까지 들었는데, 사실인가요?

A: 자주 듣는 말이다. 항우울제나 항불안제인 벤조디아제핀에는 뇌의 활동을 다소 억제하는 작용이 있다. 이 약을 복용하는 동안에는 집중력이 떨어지거나 멍해지는 경우가 있다. 때문에 이런 말이 자꾸 나오는지도 모르겠다. 하지만 멍한 상태가 쭉 지속되는 것이 아니다. 완치가 되어서 약을 중단하면 이런 증상은 사라진다.

한편 정신과에서 처방해 주는 약은 혼란스러운 뇌 기능을 바로잡아 주는 약이다. 성격과는 전혀 관계가 없다. 오히려 약을 먹기 전에는 뇌 기능에 고장이 나서 발휘하지 못하던 타고난 성격이 겉으로 드러날 수도 있다. 불안하고 초조해하던 사람이 밝고 적극적으로 행동하면 주위에서는 성격이 변했다고 느낄지도 모르지만, 이런 변화는 질병으로 감춰져 있던 본래 성격이 겉으로 드러난 것뿐이다. 약으로 성격이나 인격을 바꿀 수는 없다.

가족이나 친구들이 환자를 생각해서 조언을 해주는 것은 고마운 일이지만,

다음의 충고는 환자에게 약이 아닌 병을 주는 말이다.

Q: 주위에서 정신과 약을 먹지 말라는 이야기를 하도 많이 해서 걱정이 되는데, 어떻게 해야 하나요?

A: 주위에서 그런 충고를 하는 이유는 왜일까? 앞에서 지적한 이유 때문일 것이다. 이는 대부분 정신 질환 치료제가 처음 등장했을 때 발생한 부작용에서 비롯된 잘못된 인식이다. 부디 부정확한 정보에 휘말려 치료의 기회를 놓치는 실수를 범하지 말기 바란다.

4.4
우울증 치료제를 정상인이 복용한다면?

뇌철수   선생님, 한 가지 궁금한 게 있어요. 향정신성 약물은 마음의 병을 앓고 있는 환자에게 도움이 되는 약이잖아요? 근데 말이죠, 만약 우울증 약 같은 것을 제가 먹으면 어떻게 되나요? 저도 가끔 마음이 불안하거나 이것저것 걱정이 많아 결정을 내리지 못할 때가 많거든요. 항우울제나 항불안제를 먹으면 마음의 번뇌가 없어지는, 그러니까 '스트롱 하트'가 될 수 있나요? 실은 제가 말이죠, '스트롱 하트, 인공두뇌 뇌철수' 프로젝트를 비밀리에 추진하고 있거든요.

뇌박사   으음, 글쎄. 넌 어떤 시스템으로 작동되고 있는지 잘 모르니 확답은 할 수 없지만, 만약 환자가 아닌 보통 사람이 마음의 병 치료제를 먹으면 많은 문제가 생길 수 있지.

● 항정신병 약물

항정신병 약물(정신분열병 치료제)은 도파민이 수용체와 결합하는 것을 막아서 도파민의 과잉 활동을 조절하는 작용을 한다.

그런데 이 약을 아프지도 않은 사람이 복용하면 부작용이 강하게 나타난다. 예를 들면 정상인이 도파민이 과다하게 분비되지 않는데도 항정신병약을 복용하면, 뇌 신경계에 영향을 미쳐서 도파민의 부족 상태를 초래하게 된다. 결과적으로 의욕 상실에 빠질 수 있다.

항정신병 약물은 심각한 환각이나 망상을 진정시키는 강력한 약이다.

● 항불안제 · 항우울제

뇌철수 그럼 항불안제나 항우울제를 먹으면 어떻게 되죠?

뇌박사 실제로 아프지도 않은 사람이 항우울제나 항불안제로 쓰이는 SSRI를 복용한 사례가 있어.

뇌철수 아니, 그런 실험을 한 적이 있나요?

뇌박사 실험이 아니고, '프로작(Prozac, 우울증 치료제의 상품명)'이라고 하는 일종의 SSRI를 복용하는 붐이 예전에 미국에서 일어난 적이 있었거든.

뇌철수 우와! 그래서 어떻게 됐나요? 그 약을 먹은 사람은 모두 행복해졌나요?

뇌박사 환자가 아닌, 일반인이 SSRI를 상용하면 적어도 두 가지 측면에서 문제가 생길 수 있어. 첫 번째는 생리적인 문제지. SSRI는 단순하게 말하자면, 세로토닌 증가제야.

뇌철수 그렇죠. 세로토닌이 재흡수되지 못하게 그 입구를 차단해서 시냅스에 있는 세로토닌의 농도를 높이고, 결과적으로 수용체와 결합하는 세로토닌의 양을 늘리는 거잖아요.

뇌박사 맞아. 그런데 세로토닌이 정상적으로 분비되는 보통 사람이 SSRI를 복용하면 어떻게 될까? 세로토닌이 수용체에 과다하게 결합해서 수용체에 이상이 생기거나, 과잉 상태가 일상화돼서 늘 과잉 세로토닌을 필요로 하는 신체 시스템으로 변하지 않을까?

뇌철수 아, 그런 문제가 있구나! 흠, SSRI를 복용해서 '스트롱 하트, 인공두뇌 뇌철수'가 되려는 프로젝트는 다시 한 번 생각해 봐야겠는걸.

뇌박사　게다가 SSRI의 경우 보급된 지 20년 정도밖에 되지 않았어. 장기적으로 어떤 영향을 미칠지 아직은 잘 모른다는 거지. 지금까지의 약물 사용 경험에서 유추하자면 더욱 신중할 필요가 있다는 얘기야.

뇌철수　음, 그렇구나!

뇌박사　또 한 가지 문제는 SSRI를 통해 얻는, 이른바 쾌활함이나 활력에 왠지 모르게 위화감을 느꼈다는 사람이 많다는 거야. 약을 복용함으로써 느끼는 쾌감은 어딘지 모르게 부자연스럽겠지. 그러니까 본래 자신의 인생을 살면서 느끼게 되는 기분 좋은 쾌감과는 미묘한 차이가 난다는 거지. 이는 우울증 환자가 과도한 불안을 달래기 위해 SSRI를 복용한다는 사실을 감안한다면 충분히 납득할 수 있는 이야기야. 그러다 보니까 자신이 본래 갖고 있던 신중함이나 소심함이 약을 복용할 정도의 큰 문제는 아니었다고 생각하는 사람도 늘어났고.

뇌철수　음, 병이 아니었으니까, 본래 성격이 병적인 것이 아니라는 것은 당연한 이야기겠죠.

뇌박사 그래. 그리고 환자가 아닌 사람은 SSRI를 복용하고 있을 때와 중단했을 때, 그 반응의 기복이 심하다는 얘기도 있어. 그래서 지금은 단순히 우울증 치료제로서 그 위치를 되돌리고 있는 중이야.

뇌철수 그런데요. 만약에, 이건 정말 만약인데요, 과학이 발전을 거듭해서 인간이 직접 경험하면서 느끼는 기분 좋은 느낌을 자아내는 약이 개발된다면 사람들은 어떤 선택을 할까요?

뇌박사 으음, 그건 정말 어려운 질문인데. 분명 인생을 즐겁게 살기 위해서는 아무래도 밝고 명랑한 성격이 좋겠지만…….

뇌철수 근데 그 약을 모든 사람이 먹으면 안 될 것 같아요. 그럼 지극히 평범한 사람이 우울하고 어두운 사람으로 비춰질 수 있잖아요. 또 다른 사람보다 더 명랑해지기 위해서 약을 찾는 사람도 있을 것이고. 이걸 본 사람은 이에 질세라 다시 약을 먹는 악순환이 이어질 테니 말예요.

뇌박사 글쎄, 그건 지극히 극단적인 이야기라 쳐도, 아마도 정신 질환 치료제가 성격이나 인격까지 디자인할 수 있다면 문제가 많아질 테지. '그럼 진짜 내 모습은 뭐지?'라며 자신의 정체성에 의심을 품는 사람도 있을

테고, 반대로 '신나면 그걸로 된 거지 뭐. 눈이 나쁘면 안경을 끼듯이, 약을 먹는 게 뭐가 나쁘다는 거야?'라며 대수롭지 않게 생각하는 사람도 있을 테니 말야. 그렇게 되면 이번에는 아마도 인생관에 회의를 느끼는 사람들이 마구 쏟아져 나올 거야.

뇌철수 아, 그럴 수도 있겠다! 이거 생각지도 못한 문제가 여기저기서 막 튀어나오겠는데. 역시 안 되겠다. 그 생각은 포기해야지.

제5부

수면을 생각한다

최근들어 건강과 수면의 관계에 대한 연구가 활발해지고 있다. 수면에 대한 연구는 평균적인 수면시간 같은 수면량에 대한 연구에서 렘수면, 논렘수면 같은 수면의 질에 대한 연구로 발전해가고 있다. 여기서는 수면 메커니즘과 불면증, 수면무호흡증후군과 같은 수면 관련 질환에 대해 알아보고 그 치료법을 소개한다.

뇌철수 이번 테마는 잠이구나. 왠지 지금까지 공부한 내용보다는 쉬울 것 같은데. 특별히 놀랄 만한 새로운 사실도 없을것 같고. 아~ 이상하게 졸음이 오네.

뇌박사 하하하! 하지만 이 장에서도 깜짝 놀랄 만한 얘기는 많아. 혹시 그거 아나? 뇌는 잠을 자지 않는다는 사실?

뇌철수 어? 정말요? 그럼 저도 자는 게 아니란 말씀이세요?

뇌박사 글쎄 넌 잘 모르겠다만, 인간의 뇌는 잠을 자지 않지. 사람이 자고 있을 때도 뇌는 깨어 있다고.

뇌철수 우와! 갑자기 잠이 확 깨는데요.

5.1
수면의 구조 :
렘수면과 논렘수면

수면은 렘수면과 논렘수면으로 나눌 수 있다.

1. 렘수면

렘(REM)은 'rapid eye movement(급속 안구 운동)'의 약칭으로, 수면 중에 안구가 활발하게 움직인다는 사실에서 붙여진 이름이다.

렘수면(REM sleep) 시 우리 몸은 완전히 이완된 것처럼 보인다. 이때 뇌파를 관찰하면 파형이 깨어 있을 때와 흡사해서 대뇌가 어느 정도 활동하고 있다는 사실을 알 수 있다(그림 5-1). 그리고 렘이라는 명칭의 유래가 된 안구 운동은 뇌에 떠오른 영상, 즉 꿈에 반응하는 것이라고 추정되고 있다.

이와 같은 사실로 미루어 렘수면 시에는 뇌가 활동을 계속하고 있으며, 렘수면은 육체를 쉬게 하기 위한 '신체의 수면'이라고 할 수 있다.

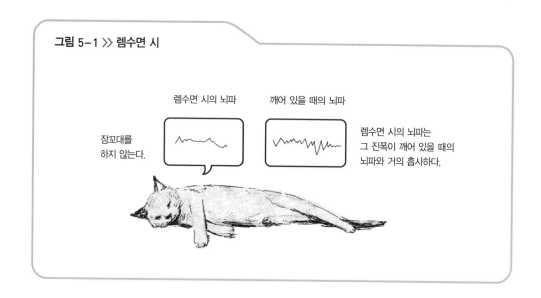

그림 5-1 ≫ 렘수면 시

렘수면 시의 뇌파

깨어 있을 때의 뇌파

잠꼬대를
하지 않는다.

렘수면 시의 뇌파는
그 진폭이 깨어 있을 때의
뇌파와 거의 흡사하다.

2. 논렘수면

또 하나의 수면인 논렘수면(non-REM sleep)은 '뇌를 위한 수면'이라고 불리
며, 대뇌가 발달한 동물에게서 볼 수 있다.

깨어 있을 때의 대뇌는 엄청난 일을 처리하고 있다. 논렘수면은 각성 중에 피
로한 대뇌를 쉬게 하기 위한 수면으로, 뇌는 자고 있어도 근육의 힘이 다소 남
아 있어서 앉은 자세를 유지하는 것이 가능하다. 수업 중에 꾸벅꾸벅 조는 경우
가 바로 이 논렘수면이다(그림 5-2).

3. 렘수면과 논렘수면의 차이

이 두 가지 수면의 차이를 쉽게 알아볼 수 있도록 〈그림 5-3〉에 정리해 놓
았다.

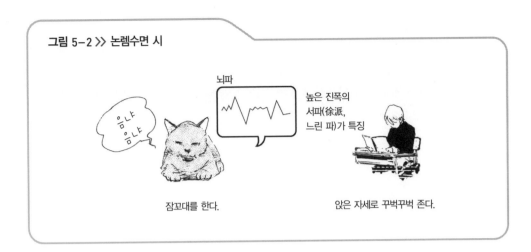

그림 5-2 >> 논렘수면 시

뇌파

높은 진폭의 서파(徐派, 느린 파)가 특징

잠꼬대를 한다.

앉은 자세로 꾸벅꾸벅 존다.

뇌철수 아! 좋은 생각이 떠올랐어요. 뇌가 잘 때는 논(non), 즉 뇌가 일을 하
지 않는다, 놀고 있다, 그래서 논렘수면. 어때요, 기억하기 쉽죠?

뇌박사 흠~ 글쎄. 외우기 쉬운가? 잘 모르겠는데…….

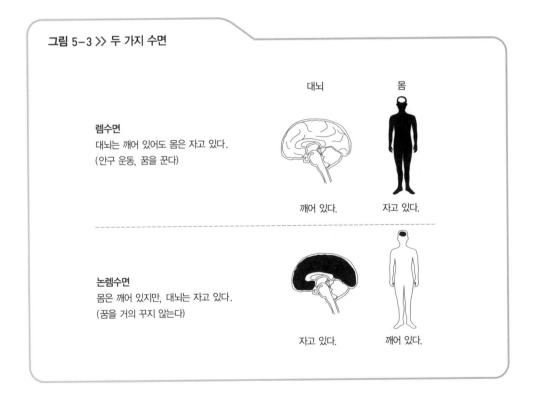

그림 5-3 >> 두 가지 수면

대뇌

몸

렘수면
대뇌는 깨어 있어도 몸은 자고 있다.
(안구 운동, 꿈을 꾼다)

깨어 있다.

자고 있다.

논렘수면
몸은 깨어 있지만, 대뇌는 자고 있다.
(꿈을 거의 꾸지 않는다)

자고 있다.

깨어 있다.

4. 논렘수면에서 렘수면으로 바뀐다

　잠자리에 들면 우선 '뇌의 수면'인 논렘수면이 나타난다. 우리 몸이 뇌를 가장 먼저 쉬게 하는 것이다.

　편안하고 충분히 잠을 잘 수 있는 상황이라면, 잠에 빠진 뒤 논렘수면에서 70~80분 정도 지난 후 잠이 얕아지면서 렘수면으로 배턴터치를 하게 된다.

　'논렘수면 → 렘수면'의 조합은 한 번의 주기가 대략 90분이다.

　밤새 이 조합을 몇 번 반복하는데, '논렘수면 → 렘수면'의 1회에서 2회 사이 클에서는 깊은 논렘수면이 길게 이어져서 대뇌는 양질의 수면을 취하게 된다.

　3, 4회 이후부터는 논렘수면이 짧아지는 대신 렘수면이 길어져, 수면의 초점이 몸의 휴식으로 이동해 간다(그림 5-4).

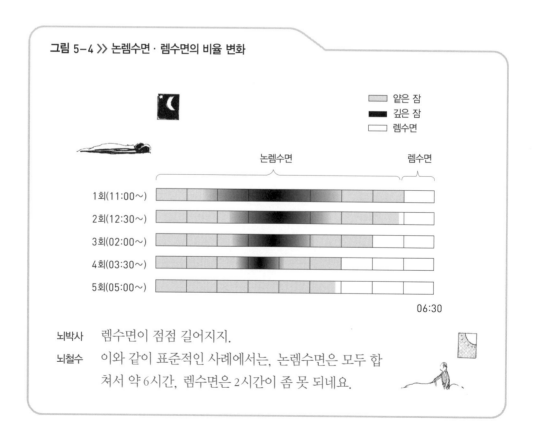

그림 5-4 ≫ 논렘수면·렘수면의 비율 변화

얕은 잠
깊은 잠
렘수면

논렘수면　　렘수면

1회(11:00~)
2회(12:30~)
3회(02:00~)
4회(03:30~)
5회(05:00~)

06:30

뇌박사　렘수면이 점점 길어지지.

뇌철수　이와 같이 표준적인 사례에서는, 논렘수면은 모두 합쳐서 약 6시간, 렘수면은 2시간이 좀 못 되네요.

5. 아침에 상쾌한 기분으로 눈을 뜨고 싶다면?

아침에 눈을 떴을 때, '잘 잤다'고 느끼려면 대뇌를 쉬게 하는 잠, 즉 깊고 긴 논렘수면이 필요하다. 잠이 부족할 때 느끼는 몸의 피로는 실제로는 몸의 피로라기보다 대뇌의 피로가 신체 증상으로 자각되는 것이다.

하룻밤에 '논렘수면 → 렘수면'이 반복되는 수면 사이클에서, 처음 두 번의 사이클을 돌면 대체로 하룻밤에 필요한 논렘수면의 반 정도는 취할 수 있다. 적어도 이 두 번의 논렘수면은 취할 수 있는 수면 시간을 확보해야 한다.

한편 아침에 잠을 깰 때는 뇌가 각성 상태에 가까운 렘수면 시에 기상하는 것이 바람직하다. 90분 단위의 사이클 가운데 하나의 사이클이 거의 끝나는 지점에 기상 시간이 오도록 잠자는 시간을 조절하면 가뿐하게 일어날 수 있다고 한다. 이는 '논렘수면 → 렘수면'의 사이클 단위가 90분으로, 렘수면이 끝날 즈음 눈이 떠지기 때문이다(그러나 이 방법은 기상 시간과 실제 취침 시간을 예측하는 것이 어렵기 때문에 실천하기가 어렵).

 가위에 눌린다는 것은?

혹시 가위에 눌린 공포 체험을 한 적이 없는지? 이것도 수면 리듬이 그 원인이다.

렘수면 상태에서는 의식은 깨어 있지만, 몸의 근육이 이완되어 있어서 마음대로 움직일 수가 없다. 때문에 자신의 의지대로 몸을 움직이지 못하는 기이한 체험에 시달리게 되는 것이다.

의식은 있지만 자신의 의지대로 몸을 움직일 수 없다.

수면의 메커니즘

1. 왜 졸릴까?

인간은 어떻게 해서 잠이 오고 또 잠에 빠지는 것일까?

사실 인간이 졸음을 느끼는 첫 시작점은 아직 밝혀지지 않았다. 흔히 피곤하니까 잠이 온다고 생각하겠지만, 몸이 힘들면 오히려 잠이 더 잘 오지 않는 경험 혹시 한 적 없는가? 피곤하다고 해서 꼭 잠이 온다고 할 수는 없다. 피로는 잠을 유도하는 하나의 원인이지만, 결정적인 것은 아니다.

일출과 일몰이라는 '일주기 리듬(circadian rhythm)'**이 잠을 유발한다는 견해도 있다.

현재 잠의 출발점은 아직 명확하게 밝혀지지 않았지만, 일단 잠이 든 후의 수면 과정은 어느 정도 과학적으로 밝혀져 있다. 수면물질(睡眠物質, sleeping substance)이 바로 잠을 결정하는 열쇠이다.

**
일주기 리듬 : 생물의 생리 현상 가운데 거의 24시간 만에 일어나는 주기적인 변동, 하루의 리듬.

2. 수면물질

잠이 오기 시작하면 뇌 주위에 있는 뇌척수액에서 수많은 호르몬 물질이 분비되어 뇌 전체로 퍼지고, 그 후 잠기운이 강하게 몰려온다. 이렇듯 졸음을 유발하는 물질을 수면물질이라고 한다.

● 수면물질의 발견

수면물질과 관련해서는 20세기 초, 개를 이용한 실험에서 그 존재를 추정할 수 있는 흥미로운 사실이 밝혀졌다.

장시간 잠을 재우지 않은 어떤 개의 뇌척수액을 충분히 수면을 취한 다음 깨어 있던 건강한 개의 뇌척수액에 주입했다. 그러자 그 뇌척수액이 주입된 개는 바로 잠에 곯아떨어져 버렸다(그림 5-5).

이 실험을 통해 '뇌 속에 수면을 유발하는 물질이 존재하지 않을까?'라는 추측을 하게 됐고, 실험자는 이 물질을 수면물질이라고 명명했다. 그리고 '수면

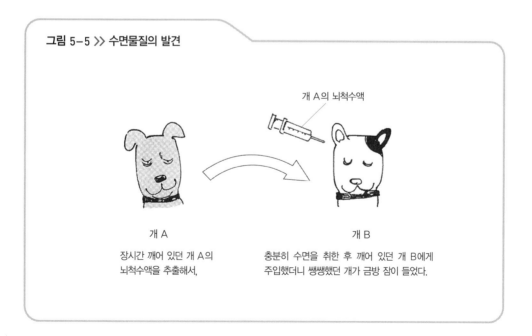

그림 5-5 >> 수면물질의 발견

개 A의 뇌척수액

개 A

장시간 깨어 있던 개 A의
뇌척수액을 추출해서,

개 B

충분히 수면을 취한 후 깨어 있던 개 B에게
주입했더니 쌩쌩했던 개가 금방 잠이 들었다.

은 뇌 속에서 만들어지고 뇌척수액 속에서 분비되는 호르몬으로 조절된다'고 생각했다. 그러나 당시에는 이들 물질을 추출해 낼 수 있는 기술이 없어서 이런 주장은 과학적으로 입증될 수 없었다.

뇌철수　수면물질이 바로 잠을 불러오는 묘약이구나!

그러나 1970년대에 들어와서 연구 방법이 발달하면서 수면에 관여하는 수많은 물질이 발견됐다. 지금은 동물의 뇌, 혈액, 소변 등에서 30종류에 달하는 수면물질이 보고되고 있다.

수면물질은 한 종류가 아니라 다양한 화학 특성을 가진 다수의 물질군으로 이루어져 있다. 그 가운데 한 예를 〈표 5-1〉에 정리해 놓았다.

● 수면물질은 어떻게 활동할까?

수면물질은 신경전달물질처럼 시냅스를 떠도는 것이 아니라, 뇌척수액 속에서 분비된다. 이 물질은 수면 시간의 경과와 함께 예민하고 정밀하게 증가하고 감소한다는 사실이 밝혀졌다.

표 5-1 》 수면물질

물질명	화학적 특성	존재하는 장소(( ) 안은 피실험 동물)
아데노신(adenosine)	뉴클레오시드[1]	체내(래트)
인슐린(insulin)	단백질	혈액, 비장(래트)
우리딘(uridine)	뉴클레오시드[1]	뇌(마우스, 래트, 기타)
수면촉진물질(SPS)	복수 성분	뇌(마우스, 래트, 기타)
멜라토닌(melatonin)	인돌아민[2]	송과선[3](고양이, 인간, 래트, 기타)

[1] 뉴클레오시드(nucleoside) : 유기 염기와 당이 결합한 화합물의 총칭
[2] 인돌아민(indoleamine) : 질소 원자를 포함한 인돌(indole) 고리를 가진 아민(amine)
[3] 송과선(松果腺, pineal gland) : 좌우 대뇌 반구 사이 셋째 뇌실의 뒷부분에 있는 솔방울 모양의 내분비기관

예를 들면 멜라토닌은 잠자기 직전에 증가하고, 우리딘은 잠든 직후에 증가한다. 이와 같은 사실로부터 멜라토닌은 졸음과 깊은 관련이 있으며, 우리딘은 수면을 고정시키는 역할을 한다는 것을 추측할 수 있다.

이와 같이 수많은 수면물질이 팀을 이루듯 미묘하게 서로 다른 작용을 하면서 복잡한 수면을 설계하고 있는 것으로 여겨진다.

5.3
수면장애 :
수면에 얽힌 다양한 질환

1. 불면증 _ 잠이 안 온다

● 바로 당신의 이야기일지도 모른다

한 조사에 따르면 성인 4~5명 가운데 1명은 잠이 안 와서 고통을 받고 있다고 한다.

수면장애(睡眠障碍, sleep disturbance)는 남성보다 여성이 많고, 심각한 경우도 남성보다 여성이 더 많다. 또한 야간 근무자의 경우 3명 가운데 1명꼴로 수면장애를 겪고 있으며, 그 수도 점차 늘고 있는 추세이다.

● 스트레스가 원인일 때

불면증의 주된 원인은 스트레스에 있다. 스트레스에서 오는 긴장이나 흥분은 각성 신경계를 흥분시켜서 수면 상태에 드는 것을 방해한다. 이와 같은 경우 근본적인 대책은 스트레스를 없애는 일이지만, 사회생활을 하면서 스트레스를 받지 않는다는 것은 거의 불가능한 일이다.

불면증에 시달릴 때 잠을 자야 한다는 부담감에서 벗어나 잠이 올 때까지 자지 않는 것도 의외로 효과가 있다. 수면 부족으로 며칠 동안 지내다 보면 수면 부족에 대한 두려움이 누그러져 자연스럽게 잠이 올 수도 있다.

● 질병이 원인일 때

우울증 등의 정신과적 질환으로 인해 수면이 부족하거나 불면 상태에 빠지는 경우도 있다. 특히 우울증의 경우, 논렘수면이 부족해서 우울증 상태를 악화시킨다. 이때는 불면증을 야기하는 정신 질환의 치료가 급선무다.

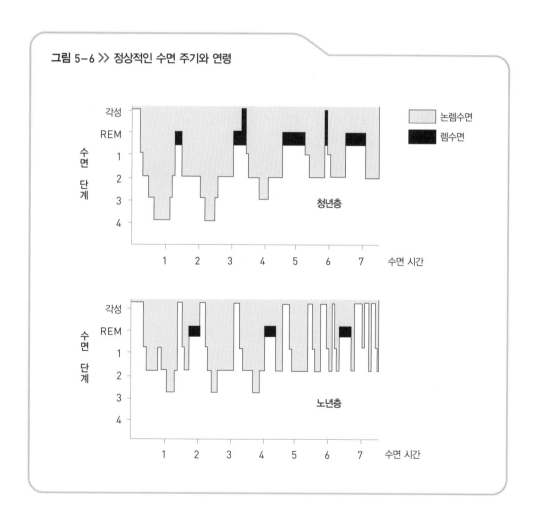

그림 5-6 ≫ 정상적인 수면 주기와 연령

● **수면 형태 변화가 원인일 때**

성장하면서 수면 형태는 변한다. 인간은 성장기에는 숙면을 경험하지만, 나이가 들수록 점점 얕은 잠으로 바뀐다.

따라서 젊은 시절과 비교해 수면의 질에 불안이나 불만을 가질 수밖에 없다. 성인에게서 나타나는 불면증, 특히 고령자의 불면증을 보면 잘 자야 한다, 혹은 많이 자야 한다는 수면에 대한 긴장감이 생겨서 결과적으로 그것이 숙면을 방해하는 기제로 작용해 악순환에 빠지는 경우가 많다.

나이가 들면 잠자는 시간이 줄어도 건강에는 별로 지장이 없다는 편안한 마음가짐이 중요하다.

2. 수면무호흡증후군

● **수면무호흡증후군이란?**

수면무호흡증후군(睡眠無呼吸症候群, sleep apnea syndrome : SAS)은 잠자는 동안에 빈번하게 호흡이 멈추는(무호흡) 질환이다. 10초 이상 이어지는 호흡 정지가 수면 1시간당 5번 이상 나타날 경우 수면무호흡증후군이라고 진단한다.

무호흡이 계속 이어지다 보면 자연스레 잠이 깨면서 호흡이 다시 재개되지만, 다시 잠에 빠지면 호흡이 또 멈춘다. 이렇듯 잠을 설치다 보면 숙면을 취할 수 없다. 더욱이 낮에 잠이 쏟아지면서 작업 능률이나 집중력이 떨어져 일상생활에 많은 지장을 초래한다.

무호흡의 유형을 분류해 보면 중추형, 폐쇄형, 그리고 두 가지를 혼합한 혼합형이 있다.

중추형은 뇌간에 있는 호흡중추에서 지령이 일시적으로 끊어지기 때문에 호흡 활동이 멈추는 경우이다. 자세한 메커니즘은 아직 밝혀지지 않았다.

최근 화제가 되고 있는 것은 폐쇄형 수면무호흡증후군(obstructive SAS :

표 5-2 >> 폐쇄형 수면무호흡증후군의 증상과 징후

증 상	신체에 나타나는 징후
• 코골이	• 자다가 중간에 잠이 깬다(뇌파로 측정)
• 낮 시간의 졸음	• 비만
• 지성의 저하	• 부정맥
• 성격의 변화	• 폐성 고혈압(폐성심, 肺性心)**
• 기상 시의 두통	• 다혈증
• 환각, 자폐증	• 고혈압
• 운동 시의 호흡 곤란	• 부종
• 불면증	
• 발기 부전	

** **폐성 고혈압** : 폐질환 때문에 폐동맥의 혈관 저항이 증대하여 혈액의 흐름이 나빠짐으로써 우심실의 기능부전을 일으킨 상태.

OSAS)이다. 수면 중에 인두(咽頭) 부위 주변의 상기도(上氣道)가 좁아져서 폐로 공기가 드나들기 어려워지는 경우이다. 이 경우에는 혈액 속에 산소가 부족한 저산소혈증(低酸素血症)에 빠져 심장이나 순환기 계통에 악영향을 미칠 수 있다. 고혈압이나 심부전, 부정맥, 심근경색, 협심증 등이 발생할 수도 있다. 또 뇌에 공급되는 산소가 부족해져 인격 변화나 우울감에 빠질 우려도 있다(표5-2).

코골이가 심해서 가족들의 권유로 병원을 찾거나, 혹은 낮에 졸음이 너무 심해서 정신과를 찾았다가 수면무호흡증후군이라는 진단을 받는 경우도 많다.

● **진단**

수면무호흡증후군의 진단에는 수면다원검사(睡眠多源檢查, polysomnography : PSG)**가 필요하다. 이 검사는 뇌파, 안구 운동, 입과 코의 공기 흐름, 호흡 운동(흉부와 복부), 동맥혈 산소 포화도, 심전도, 근전도(筋電圖)를 동시에 기록해 수면 상태를 알아보는 방법이다.

수면무호흡증후군의 발생 빈도는 2~4% 정도로 추정되고 있지만, 정확한 빈도는 아직 밝혀지지 않았다. 연령대로는 30~50대의 한창 일하는 사람에게서

** **수면다원검사** : 수면의 질과 양을 측정하고 수면 질환과 장애를 찾아내는 검사.

많이 보이고, 성별로는 남성이 여성보다 약 2배 가까이 많다.

서양에서는 폐쇄형 무호흡증 환자가 주로 비만 환자에 국한되어 있지만, 동양인의 경우 비만이 아닌 사람에게서도 흔히 볼 수 있다. 때문에 서양인에 비해 동양인의 안면골 구조가 폐쇄형 무호흡증에 걸리기 쉬운 구조일 것이라는 추정을 하고 있다.

또 폐쇄형 무호흡증은 어린이에게서도 나타날 수 있는데, 원인은 편도가 비대해지거나 아데노이드(adenoid)** 등이 후두강(喉頭腔)을 좁히기 때문이다.

한편 나이가 들면서 상기도 개대근(開大筋)의 긴장도가 떨어지는 것도 폐쇄형 무호흡증의 발병률을 높이는 원인 가운데 하나이다.

수면제도 근(筋)긴장도를 저하시키기 때문에 폐쇄형 무호흡증의 위험 인자이다. 폐쇄형 무호흡증의 경우, 보통 얕은 잠을 자기 때문에 푹 자기 위해서 수면제를 복용하는 경우가 종종 있으므로 주의를 요한다.

**
아데노이드 : 아데노이드란 인두의 보호기관인 인두편도로 코의 깊숙한 안쪽에 있다. 이 인두편도가 지나치게 커지면 아데노이드 비대증이 생긴다.

● 치료법

치료법으로는 코 마스크를 이용해 공기를 불어넣어서 상기도 내압을 지속적으로 높이는 '지속적 상기도 양압술(continuous positive airway pressure : CPAP)'이 있다. 이 시술은 비용이 많이 들고 사용에 익숙해지려면 시간이 많이 걸리는 단점이 있지만, 치료 효과는 뛰어나다.

또한 잠잘 때 치과 장비의 일종인 마우스피스(mouthpiece)를 이용해 아래턱을 앞쪽으로 이동시켜 기도를 열고 공기 통로를 확보하는 방법도, 약 반수 정도의 환자에게서 효과를 보이고 있다. 경우에 따라서는 수술요법이 필요할 때도 있다.

비만 환자에게서 흔히 볼 수 있기 때문에 비만을 방지하는 것도 중요하다. 바로 누워서 자면 상기도 폐쇄가 일어나기 쉽기 때문에 옆으로 누워서 잠을 청하는 것도 도움이 된다.

3. 일교차성 수면장애 _ 야행성 인간

● 하루 24시간의 주기가 뒤죽박죽

하루의 수면·각성 주기가 불규칙한 질환을 일교차성 수면장애(circadian rhythm sleep disorder)라고 한다. 수면의 질에는 이상이 없지만, 밤에 자고 아침에 깨어나는 시각이 사회생활의 스케줄과 맞지 않아서 일상생활에 지장을 초래한다.

원래 인간의 수면·각성 주기는 하루 약 25시간이다. 보통 사회생활을 하다 보면 밤에 정해진 시각에 잠들고, 아침에 정해진 시각에 일어남으로써 하루 24시간의 리듬으로 수정되어 간다.

그러나 수면 시각이 딱히 정해져 있지 않고 졸려야 잠을 자는 환경에서는, 수면 개시 시각이 매일 30분씩 늦어진다. 그만큼 깨는 시각도 늦어진다.

이를 바로잡기 위해서는 가급적 아침에 일찍 일어나도록 하고, 아침 산책 등으로 햇볕을 쬐면서 다시 한 번 24시간의 주기에 맞추어 나가야 한다(그림 5-7).

● 지연성 수면주기증후군

일교차성 수면장애에 속하는 '지연성 수면주기증후군(delayed sleep phase syndrome)'은 밤샘 작업 등으로 낮밤이 바뀐 상태가 장기간 이어져 일주기 리듬

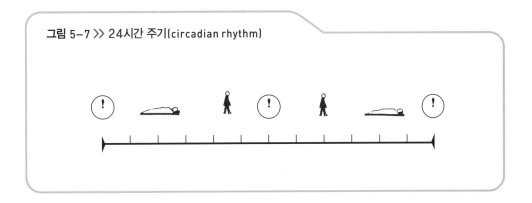

그림 5-7 》 24시간 주기(circadian rhythm)

에 적응하지 못하는 경우를 말한다. 보통 이 증상이 있는 사람은 새벽 3, 4시에 잠자리에 들고 낮 12시가 넘어서 일어난다. 때문에 정상적인 학교생활이나 직장생활을 영위할 수 없다. 또한 무리하게 아침에 일찍 일어나면 졸음이 심해지고 전신 권태감이 나타나며, 식욕 저하, 자율신경계의 불균형이 초래된다.

불규칙한 생활 습관이 주요 원인이므로 마음만 먹으면 고칠 수 있다고 생각하기 쉽지만, 이미 신체적으로 체온 리듬·호르몬 분비 리듬에 변화가 생겨서 의학적인 치료가 필요한 경우가 많다.

주로 광선치료, 시간요법, 약물치료 등을 적절하게 병행하여 치료한다. 가벼울 때는 입원 등의 환경 변화만으로도 정상적인 리듬으로 돌아오는 사례도 있다.

4. 기면병 _ 갑자기 잠에 빠진다

기면병(嗜眠病, narcolepsy)이란 보기에는 활발하게 활동하고 있던 사람이 갑자기 쓰러져 잠을 자는 질환이다. 여기에서 'narco'는 라틴어로 수면을 의미하고 'lepsy'는 발작을 뜻한다.

지루한 책을 읽다 꾸벅꾸벅 조는 것과는 달리 회의에서 중요한 프레젠테이션을 하는 도중, 혹은 식사 도중 등 상식적으로 졸음과 전혀 상관없는 상황에서 갑자기 잠에 빠지는 특징이 있다. 이를 의학적인 용어로 '수면 발작(睡眠 發作)'이라고 한다.

수면 발작에 '졸도 발작', '입면 환각', '수면 마비' 등을 더한 것이 기면병의 네 가지 주된 증상이다.

'졸도 발작'이란 놀라거나 웃으면 갑자기 몸의 힘이 빠지는 발작이다. 카타플렙시(cataplepsy)라고도 한다. '입면 환각'은 잠이 들자마자 환각, 특히 생생한 환시(幻視)를 체험하는 것이다. '수면 마비'는 수면 중에 전신이 탈력(脫力) 상태에 빠지는, 이른바 가위에 눌린 상태를 말한다.

기면병의 네 가지 증상 가운데 수면 발작을 제외한 졸도 발작, 입면 환각, 수면 마비 등의 세 가지 증상은 렘수면과 관련이 깊다.

기면병은 10대에 많이 발병하고 유병률은 0.03~0.05%로 희귀 질환이지만, 특이한 증상으로 널리 알려진 질환이다.

약물치료로는 수면 발작에는 정신자극제, 렘수면과 관련된 증상에는 항우울제를 처방한다. 이는 항우울제에 렘수면을 억제하는 작용이 있기 때문이다.

 제트래그 신드롬이란?

'제트래그 신드롬(jet lag syndrome)'이란 항공기 탑승 시 시차로 인해 일시적으로 피곤해지거나 멍해지는 증세를 말한다. 흔히 시차병이라고 한다.

신체 본래의 수면 · 각성 리듬과 여행을 간 곳에서의 리듬의 불일치로 인해 나타나며, 졸음, 집중력 저하, 식욕 저하, 권태감 등을 초래한다. 대부분 일시적인 증상으로 일주일 정도 지나면 새로운 리듬에 익숙해진다. 질병이라고 인식되지는 않으나, 경찰관이나 간호사 등 야간 순환 근무자의 수면도 이와 같은 문제를 갖고 있다.

5.4
수면제 :
화학의 힘으로 잠을 잔다

1. 수면제를 복용해도 괜찮을까?

불면증에 시달리다가 궁여지책으로 수면제와 같은 약물을 찾는 사람이 많다.

예전에 수면제의 주류였던 바르비투르산(barbituric acid) 계 수면제는 뇌 전체를 마비시키는 강력한 작용이 있어서 위험한 약이었다(많은 양을 복용하면 혼수상태에 빠져 호흡이 마비된 채 사망하기 때문에 자살할 때 이용되기도 했다). 또 내성이 생겨서 효과를 지속하기 위해서는 복용량을 늘려야 했고, 강한 의존성도 있었다.

그러나 오늘날 널리 이용되고 있는 벤조디아제핀계 약물은, 외부로부터의 불필요한 자극을 차단하고 잠을 쉽게 이룰 수 있게 해준다. 뇌간 등의 생명 중추에는 작용하지 않기 때문에 치명적인 사태도 발생하지 않는다. 또 의존성도 심하지 않다.

만약 심각한 불면증으로 고생한다면, 전문의의 진찰을 받은 후 자신의 증상에 맞는 수면제를 일정기간 복용하는 것도 괜찮을 것이다.

2. 수면제의 수면과 자연스러운 수면

수면제를 이용한 수면과 자연스러운 수면은 아무 차이도 없을까?

유감스럽게도 약을 먹고 자는 잠과 자연스럽게 드는 잠은 같다고 할 수 없다. 수면제를 복용할 경우에는 독특한 권태감을 느낀다.

그렇다면 수면물질을 복용하면 어떨까? 수면을 유발하는 수면물질을 약으로 조제할 수 있다면 자연스러운 수면이 가능할지 모른다.

분명 이론적으로는 맞는 말이지만, 수면물질을 뇌 속에 효율적으로 주입하는 방법은 현재로서는 없다. 이와 같은 문제는 뇌에 작용하는 다른 약제도 마찬가지지만, 수면물질의 경우 그 조성상 다른 약제보다 훨씬 어렵다. 또 앞에서 얘기했듯이 수면물질은 그 종류가 다양해서 무엇을 어떻게 조합하여 뇌 속에 주입해야 할지 아직 밝혀지지 않았다.

수면제를 먹고 자연스러운 잠을 자기 위해서는 아직 긴긴 시간이 필요할 듯하다.

동물의 수면으로 알 수 있는 사실

인간은 하루에 7~8시간 정도 잠을 잔다. 그럼 다른 동물은 몇 시간 정도 잘까?
인간과 같은 포유류 동물의 수면 시간을 비교해 보았다.

20시간 나무늘보
19시간 박쥐
16시간 다람쥐
14시간 고양이
13시간 쥐
12시간 고릴라, 미국너구리, 북극여우
10시간 재규어
9시간 침팬지, 비비
8시간 인간, 토끼, 기니피그, 돼지
6시간 회색바다표범
5시간 바위너구리
3시간 소, 양, 염소, 낙타, 코끼리
2시간 말

어떤가? 의외라는 느낌을 받은 사람이 꽤 있을 것이다. 사실 포유류 중에는
인간보다 더 오래 자는 동물이 많이 있다. 그러나 랭킹 1위를 차지하고 있는 나
무늘보가 깨어 있는 4시간 동안 20시간의 휴식이 필요할 만큼 엄청난 운동이나
정신 활동을 하고 있는 것 같지는 않다. 반대로 초원을 달리는 말이 2시간 정도
의 휴식으로 충분하다는 사실도 얼른 납득이 가지 않는다. 수많은 포유류 가운
데 훌륭한 운동 기능을 갖고 있는 것도 아니고, 발달한 대뇌를 가진 것도 아닌 나
무늘보가 긴긴 시간 동안 잠에 취해 있다는 것은 무엇을 의미할까?

뇌철수   하필 게으름뱅이 나무늘보가 수면 시간이 가장 길다니, 어째
         이상한데요. 왠지 억울한 기분이……

뇌박사   나도 동감이야. 탁월한 운동 기능을 갖춘 재규어나 고도의 정신 기능을 갖춘 인간이 1위라면 쉽게 수긍이 갈 텐데 말이야.

동물의 경우

동물의 세계에서 으뜸 목표는 생존이다. 생존 앞에서 수면 시간의 길이는 그다지 중요하지 않다.

나무늘보의 경우, 다른 동물에 비해 형편없는 운동 능력을 갖고 있기 때문에 활동하기보다는 안전한 나무 위에서 잠을 청하는 쪽이 생존율을 높일 수 있다. 요컨대 나무늘보는 피곤해서 잠을 잔다기보다는 숨기 위해, 즉 살기 위해 잠을 자는 것이다. 한편 말이 초원 한가운데에서 나무늘보처럼 20시간이나 넘게 잠을 잔다면 어떻게 될까? 포식자에게 먹히기 딱 좋을 것이다. 그래서 말은 열악한 환경 속에서 살아남기 위해 수면 시간을 극단적으로 줄일 수밖에 없다.

더욱이 말과 같은 초식동물의 경우 칼로리가 낮은 풀을 먹기 때문에 긴 섭취 시간이 필요하고, 이런 측면에서 보아도 오랫동안 잠을 자기는 어렵다. 그러나 이틀 연속 2시간밖에 자지 않은 말이 과로사했다는 이야기는 들어본 적 없으므로, 수면 시간이 짧아도 피로 회복은 충분히 가능한 것이리라.

이와 같은 사실로 미루어 볼 때, 본래 동물이 생체기관을 유지하기 위해 취해야 하는 적정 수면 시간은 어쩌면 우리가 막연하게 믿고 있는 시간보다 훨씬 짧을 것이라는 주장도 있다.

사람의 경우 – 잠을 적게 자는 사람

인간의 수면 시간은 8시간이라고 하지만, 이는 어디까지나 표준 수치이고 이보다 훨씬 적은 수면으로 건강한 생활을 영위하는 사람도 있다. 역사상 가장 유명한 인물로는 나폴레옹과 처칠이 짧고 굵게 잔 대표적인 케이스! 더욱이 하루에 1시간 수면으로 건강한 생활을 했던 어떤 부인의 사례도 보고된 바 있다. 결과적으로 수면 시간은 개성의 문제로, 각자가 생활에 불편을 느끼지 않는다면 바로 그것이 자신의 적정 수면 시간이라고 할 수 있을 것이다.

제6부

뇌를 관찰하는
다양한 방법

EEG, CT, MRI, PET는 뇌의 내부 상태를 알아보기 위한 검사다. 첨단 기술을 활용하면 뇌의 모양이나 뇌의 활동 상태를 외부에서 관찰할 수 있다. 이 장에서는 뇌를 관찰하는 여러 가지 방법을 소개한다.

저게
나란 말이야?!

뇌철수   인터넷 게임만 하면 머리가 아프고 멍해지는 것 같아요.

뇌박사   인공두뇌도 그런가? 아무튼 인간은 컴퓨터 게임을 하고 있는 동안에는 뇌가 거의 활동을 하지 않는다는 건 분명한 사실이야. 그리고 메일을 보낼 때와 직접 종이에 편지를 쓰는 행위는 비슷해 보여도, 뇌가 움직이는 부분은 서로 다르다고 해.

뇌철수   우와! 근데 그런 걸 어떻게 알아요? 마치 머릿속을 본 것처럼?

뇌박사   혹시 텔레비전에서 화상 처리된 뇌 영상을 본 적 없나? 과학적인 검사를 통해서 뇌의 상태나 활동을 꽤 자세히 알 수 있는데.

뇌철수   아? 그러고 보니 TV 건강 프로그램에서 본 적 있는 것 같아요. 뇌의 단면 영상이나 뇌의 일부분이 반짝반짝 빛나는 그런 화면. 조금씩 종류가 달랐던 것 같은데……. 근데 그런 장비들은 어떤 원리로 작동하고, 그런 검사를 하면 어떤 사실을 알 수 있죠?

뇌박사   하하하, 천천히 하나씩 묻게. 그게 바로 지금 우리가 공부할 내용이니까. 뇌 내부의 모양을 관찰할 수 있는 검사에는 CT와 MRI가 있네. 그리고 뇌의 움직임을 파악하는 검사로는 뇌파계와 PET가 있고(그림 6-1). 명칭만으로는 이해하기 힘들 테니 비디오 화면을 보면서 공부하기로 하지.

표 6-1 ≫ 뇌를 관찰하는 검사

모양을 관찰하는 기계	움직임이나 활동을 관찰하는 기계
전자현미경	뇌파계
CT(CT스캔)	PET
MRI	광(光)토포그래피

6.1
뇌의 모양을
관찰하는 검사

1. 해부학자로부터 시작된 연구 _ 전자현미경의 등장

20세기 초 해부학자가 뇌를 연구할 때 사용한 것은 광학현미경이었다. 그러나 광학현미경으로는 신경세포의 모양은 식별 가능했지만, 시냅스**를 발견하는 것은 무리였다. 시냅스는 20~30나노미터로서 빛의 파장보다 작기 때문에 광학현미경으로는 그 확인이 불가능했던 것이다.

스페인의 해부학자인 라몬 이 카할(Ramon y Cajal, 1852~1934)**은 시냅스가 존재한다는 사실을 주장했지만, 광학현미경으로는 확인할 수 없었기 때문에 그 진위를 놓고 치열한 논쟁이 일었다.

1950년대 접어들어 전자현미경이 등장하면서 이 미세한 틈의 존재가 확인되었고, 라몬 이 카할이 옳았다는 사실이 증명되었다(그림 6-1).

이렇게 해서 신경세포와 신경세포의 네트워크 구조가 조금씩 그 베일을 벗기 시작한 것이다.

**
시냅스 : 신경세포와 신경세포의 접합 부위.

**
라몬 이 카할 : 1906년 C. 골지와 함께 뉴런을 신경구조의 기초 단위로 확립한 공로로 노벨 생리의학상을 수상하였다.

그림 6.1 >> 신경세포(광학현미경과 전자현미경)

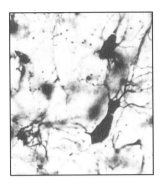

광학현미경(100배)

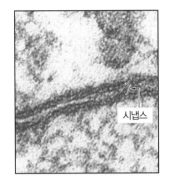

시냅스

전자현미경(1만 5000배)

金沢大学大学院脳情報病態学小林克治 제공

2. CT

살아 있는 뇌를 보고 싶다는 인류의 염원은 1970년에 발명된 CT(computed tomography, 컴퓨터 단층촬영)에 의해 이루어졌다.

CT는 X선**을 신체 주위에 회전하듯이 쬐여서 특정 부위를 통과한 X선의 양을 컴퓨터로 처리해 각 부위의 X선 흡수율을 산출한 후, 이를 다시 이차원 내지는 삼차원의 영상으로 찍어 낸 것이다.

두부(頭部) CT로 급성 뇌출혈과 뇌종양, 뇌 위축, 뇌실의 확장 등을 관찰할 수 있다.

**
X(뢴트겐)선을 이용한 단순 촬영은 1895년부터 사용되고 있다.

3. MRI

1980년대에 들어서는 자기장에 영향을 받는 수소 원자핵의 움직임을 측정해서 이를 영상화하는 MRI (magnetic resonance imaging, 자기공명영상법)가 등장했다. 인간의 몸은 수소, 탄소, 산소로 이루어져 있는데, 이들의 반응을 이용하여 이미지를 찍어 내는 것이다.

CT보다 해상도가 선명하고 뼈에 영향을 받지 않기 때문에, CT에서는 뼈에 가려서 촬영할 수 없었던 뇌의 깊숙한 부분까지 관찰할 수 있게 되었다. X선을 이용하지 않기 때문에 안전성이 높고, 몇 번이고 반복 검사할 수 있다는 이점도 있다(그림 6-2).

그림 6.2 >> MRI

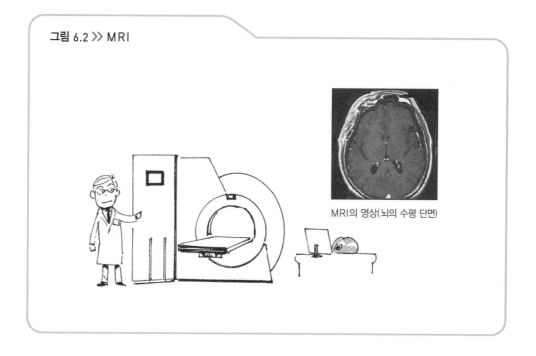

MRI의 영상(뇌의 수평 단면)

6.2
뇌의 움직임이나 활동을 관찰하는 검사

1. 뇌파 검사

누구나 한번쯤 TV를 통해, 혹은 실제로 뇌파 검사(electroencephalo- graphy : EEG)를 하는 광경을 본 적이 있을 것이다.

피험자의 머리에서부터 쭉 연결된 코드, 조심스럽게 흔들리는 바늘, 용지에 새겨지는 물결 모양의 그래프. 바로 이것이 뇌파를 기록하는 뇌파계이다. 그렇다면 뇌파란 무엇일까?

뇌에는 500억~1,000억 개 이상의 신경세포가 있는데, 이들 신경세포는 활동 전위(신경세포에서 신호로 내보내는 전기 자극, 본문 39쪽 참조)를 방출한다. 이를 뇌파라고 한다. 개별 신경세포의 전위 변화를 두피 부위에서 읽어 내는 일은 불가능하지만, 한 덩어리로 모인 세포의 전위 변화는 기록할 수 있다. 이 전위 변화를 기록하는 장치를 뇌파계라고 한다. 뇌파를 이용한 연구 가운데 가장 활발한 분야가 수면 뇌파 분야이다. 아래턱 주변의 근전도와 안구 운동, 그리고 뇌파의 파형에 따라 렘수면과 논렘수면을 구별할 수 있다.

2. PET

뇌박사 뇌를 관찰하는 방법 가운데 가장 발달한 영상법이 바로 PET야. PET는 'positron emission tomography'의 약칭으로, 양전자를 이용한 뇌 내부의 측정 장치를 의미하지. 우리말로는 '양전자 방출 단층촬영술'이라고 해.

뇌철수 '페트'는 기억하기 쉽네요. 페트병도 있고.

뇌박사 하하하, 그런가?

● PET의 구조

PET는 피험자의 체내에 표지(標識)가 되는 약제를 주입해서, 그것이 몸속에서 어떻게 분포하고 있는지를 체외 검출기로 측정하는 장치다. 체내에 주입하는 약제에는 양전자를 방출하는 방사성 동위원소를 결합시킨다. 방사성(放射性)이 있지만 반감기(半減期)**가 2분~2시간으로 아주 짧아서 몸에는 전혀 해가 되지 않는다. 이 방사성 동위원소는 양전자를 방출하고 전자와 결합해서 소멸

**
반감기 : 방사성 원소나 소립자가 붕괴 또는 다른 원소로 변할 경우, 그 원자의 원자 수가 원래의 수의 반으로 줄어드는 데 걸리는 시간. 보통은 굉장히 길어서 우라늄 238은 45억 년, 플루토늄 239는 2만 4,000년이 소요된다.

할 때 양방향으로 감마선을 방출한다. 이를 원통에 배치된 수용기로 증폭시켜서 검출한 뒤 영상으로 포착한다(그림 6-3).

일반적으로 종양의 성질(악성도)을 진단하거나 전이·재발 상태를 진단하는 데 효과적이다. 또 이 검사를 통해 뇌의 활동 정도를 영상으로 직접 볼 수 있다.

뇌철수 넌 어려워 당최 뭔 말인지 하나도 모르겠네.

뇌박사 PET는 신호음을 내는 물질을 몸속에 넣어서, 외부에서 그것을 포착한다고 간단히 기억해 두면 돼. 중요한 것은 PET로 무엇을 할 수 있느냐니까.

● PET로 알 수 있는 뇌의 활동

뇌가 손상된 부위의 당(糖)대사**, 혈류량의 저하나 간질 등의 진단에 도움이 된다. 그 밖에도 도파민의 전구물질(前驅物質, 도파민이 되기 직전의 물질)에 방사성 동위원소를 부착시켜 투여함으로써 뇌 속에서의 도파민의 움직임이나 수용체의 활성도를 알 수 있다. 이와 같이 특정 수용체에만 결합하는 약제를 표지물질로 이용하면 그 수용체의 움직임을 관찰할 수 있다.

**
대사(代謝) : 생체 내의 화학반응을 통해 새로운 것과 예전 것이 서로 교체되는 일. 뇌는 당을 에너지원으로 사용하기 때문에 당의 화학반응 정도를 측정하면 뇌의 활동도를 알아볼 수 있다.

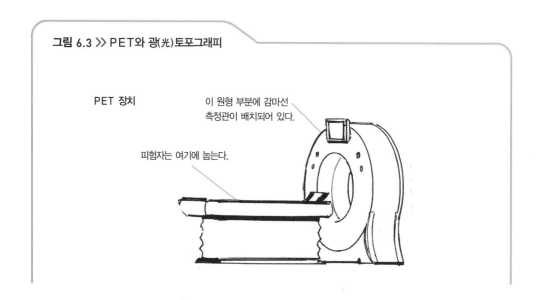

그림 6.3 >> PET와 광(光)토포그래피

PET 장치

이 원형 부분에 감마선 측정관이 배치되어 있다.

피험자는 여기에 눕는다.

PET 영상

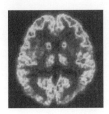

광(光)토포그래피

플러그

이것을 뒤집어쓴다.

혈류가 활발하게 흐르는 부위에는, 뇌의 3D화된 영상에
빨갛게 표시된다.

뇌철수   화면에 보이는 영상 가운데 붉은 부위는 뇌의 온도 변화를 나타내는
건가요? 아니면 뇌가 뜨거워져서 빨갛게 변한 건가요?

뇌박사   뇌의 온도는 그렇게 쉽게 변하지 않아. 또 PET는 서모그래피
(thermography, 체표면의 온도를 측정·영상화해서 진단에 이용하는 방법)가 아
니기 때문에 온도에 반응하지 않고. 붉게 물든 부위는 뇌가 활발하게
활동하는 부위를 의미해. 텔레비전에서 보여 주는 뇌의 영상은 대개
알록달록한 색으로 칠해져 있는데, 그건 시청자들의 이해를 돕기 위
해 컴퓨터로 처리한 것이지.

그런데 최근 텔레비전 프로그램에서 광(光)토포그래피(topography)
라는, 뇌의 움직임을 컬러로 나타내는 장치가 종종 등장하는데 본 적
있나? 이것은 머리에 플러그를 뒤집어쓰고 두피에 근적외선(전자파의
일종)을 쬐어, 그 반사량으로 뇌 표층의 헤모글로빈 양을 측정해서 혈
류량을 알아보는 장치야. 혈류량이 많은 곳은 뇌가 활발하게 움직이
고 있다고 판단돼서 (대부분의 경우) 붉게 표시되지.

이처럼 광토포그래피는 근적외선이라는 인체에 악영향이 없는 빛
으로, 작업 중인 뇌의 움직임을 실시간으로 볼 수 있는 장치야. 뇌파
계하고 비슷하게 생겨서 머리에 뒤집어쓰고 관찰하니까 일상적인 동
작은 가능하지만, PET와 같이 미묘한 신경전달물질의 움직임은 관
찰할 수가 없어.

뇌철수   근데 PET라는 녀석, 정말 대단하군요. 뇌 속에서 약이 움직이는 모습을 다 볼 수 있게 해주니 말예요.

뇌박사   그렇지. 치료 효과를 확인할 때도 도움이 될 거고. 물론 '치명적인' 단점도 있지만 말이야.

● PET의 문제점

PET의 가장 큰 문제점은 비용이다. 표지물질로 사용되는 방사성 동위원소가 인체에 영향을 주지 않기 위해서는 빠른 시간 내에 방사성이 없어져야 한다(즉 반감기가 짧아야 한다).

**
사이클로트론 : 양전자를 방출하는 방사성 동위원소를 만드는 일종의 소형 원자로.

따라서 반감기가 아주 짧은 방사성 동위원소를 사용해야 하므로, 멀리 떨어진 장소에서 제조해 PET 장치가 있는 곳까지 운송할 수가 없다. 그래서 장치 옆에 사이클로트론(cyclotron)**을 비롯한 제조 설비를 갖추어야 하므로 총 비용이 엄청나게 늘어난다. 또한 장시간 관측이 어렵다는 문제점도 있다.

정신의료 현장에서
일하는 사람들

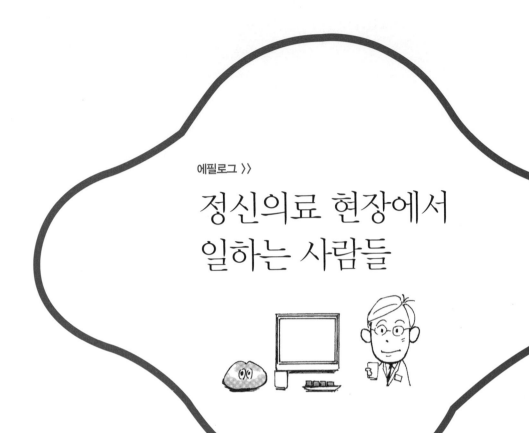

뇌박사 　이것으로 비디오 강의는 끝! 어떤가? 감상이?

뇌철수 　네! 뇌의 구조에서부터 시작해서 정말 많은 것을 알게 되었어요. 정말
　　　　정말 감사합니다. 사부님!

뇌박사 　도움이 되었다니 다행이군.

뇌철수 　참 중요한 것을 빠트렸어요. 이 책을 읽고 계신 독자 여러분 중에는 정신
　　　　의학에 관련된 일에 흥미가 있는 분도 계실 거예요. 정신과 관련 직업을
　　　　가지려면 어떻게 해야 하는지, 또 어떤 스태프가 있는지 알고 싶어요.

뇌박사 　그래? 그럼 간단하게 소개해 볼까.

정신의료 현장에서 일하는 사람들 1

의사

1. 정신과 의사

정신과 의사가 되려면 의과대학에 진학해 일단 의사국가시험에 합격해야 한다.
의예과 2년 동안 일반교양과 기초과학을 공부하고, 본과 4년 동안 기초의학과
임상의학(실제 진단, 치료를 위한 지식)을 공부한다. 대학에 따라서는 의예과가 없이
본과 6년으로만 구성되어 있기도 하고, 최근에는 4년제 일반 대학을 졸업하고
시험을 통해 의과대학 본과(의학 전문대학원)로 진학하는 방법도 있다.
의과대학 졸업예정자와 이미 졸업한 사람은 의사국가시험을 치를 수 있다.

뇌철수 　어? 그럼 도대체 언제 의사 선생님이 될 수 있다는 거죠?

뇌박사 　의대를 졸업한 뒤 국가시험에 합격하면 일반 의사가 되는 것이지.

2. 정신과·신경과의 차이점은?

우선 신경과는 기본적으로는 내과의 한 분야이다. 신경과는 신경계 이상으로 발

222

>> 의사를 향한 길

의대 시절	[학년]	[주요 내용]
	의예과 1학년	일반교양
	의예과 2학년	일반교양
	의예본과 1학년	기초의학 (해부와 생리학)
	의예본과 2학년	임상의학
	의예본과 3학년	임상의학 (실습)
	의예본과 4학년	임상의학 (실습)

(주)

(주) 대학에 따라 학제가 다소 차이가 나기도 한다.

의대 졸업할 때 국가시험

전문의가 되려면 의사가 된 뒤 1년간 인턴이라고 하는 전공의 수련 시절을 보내야 하는데, 이때는 정신과는 물론이고 내과, 외과 등의 여러 과를 돌면서 다양한 임상 경험을 축적한다. 그 후 전공과를 선택하여 흔히 레지던트라고 하는 4년간의 전공의 시절을 보내고 전문의 시험을 통과하면 비로소 전문의가 된다. 의대에 입학하여 총 11년이 되어야 전문의가 될 수 있다.

아, 병어리 3년, 귀머거리 3년, 의사 11년인가……

생하는 질병을 치료한다. 예를 들면 신경의 변성이나 염증에서 오는 두통, 수족 저림 혹은 뇌혈관 장애, 근육 위축 등이다. 마음의 문제를 다루는 정신과와는 확연하게 구분이 된다.

정신과는 정신분열병, 조울증, 간질 등의 정신장애를 주로 다루어 왔다. 그러나 요즘에는 기분장애(우울증), 불안장애(공황장애, 강박장애 등의 다양한 신경증), 그리고 수면장애와 각종 의존증(알코올이나 약물 등)도 다루고 있다. 병이라고까지는 할 수 없어도 마음에 문제가 있는 경우도 편안하게 상담을 받을 수 있다. 최근에는 식사장애(폭식증, 거식증, 비만)나 학습장애가 정신과에서 새롭게 주목을 받는 영역이다.

정신과 의사는 마음의 병을 주로 향정신성 약물을 이용하여 치료하기 때문에 약에 대한 지식이 풍부하다. 또한 치료해 온 질병의 종류와 양상이 다양하기 때문에 경험도 풍부하다.

3. 정신과의 이모저모

종합병원의 정신과

입원 시설을 갖춘 병원과 외래 환자만 받는 병원으로 나눌 수 있다. 기분장애나 불안장애 환자들이 통원 치료하는 데 적합하다.

단과 정신병원(정신과만 혹은 주된 과가 정신과인 경우)

특히 정신분열병 치료에 적합하다. 입원 치료와 그 후의 재활 치료에 중점을 두고 있다.

클리닉, 의원

외래 치료가 중심이다. 적지만 입원 시설을 갖추고 있는 병원도 있고, 우울증이나 불안장애 등을 주로 치료하고 있다. 최근에는 비만 클리닉이나 소아 청소년 클리닉도 많이 개설되고 있다.

정신의료 현장에서 일하는 사람들 2

메디컬 스태프

정신과에서는 약물치료 이외에도 정신치료, 작업치료 등의 다양한 치료가 이루어지고 있다. 따라서 많은 의료 스태프가 치료 현장에서 활동하고 있다.

1. 임상심리사

**
임상심리사는 치료 시 투약, 주사 등의 행위는 할 수 없다.

임상심리사******는 심리학적인 지식 · 기법을 바탕으로 환자 혹은 상담자를 치료한다. 〈chapter 3〉에서 소개한 정신사회적 치료(인지치료, 행동치료 혹은 개인정신치료 등)를 의사와 함께 혹은 단독으로 행한다. 심리검사도 실시한다. 상담사로서 개인적으로 상담소를 개설하는 사람도 있다.

임상심리사가 되려면 대학에서 심리학을 공부하고, 심리학 대학원의 석사 과정을 졸업한 후, 1~2년간 병원에서 임상심리 실습 경험을 쌓아야 한다. 이후 시험에 합격하면 임상심리사 자격증을 취득할 수 있다.

임상심리사도 병원에서는 하얀 가운을 입고 있는 경우가 많아요!

뇌철수 우와~ 무지 어렵구나! 임상심리사의 길도 역시 한 걸음부터 차곡차곡…….

뇌박사 임상심리사는 의사와 달리 의료 분야뿐만 아니라 보건, 교육, 복지, 사법·교정, 노동·산업 분야 등 활동 분야의 폭이 아주 넓어. 특히 학교에서 일하는 상담사의 경우는 생활지도 전문가로 활동하고 있지.

2. 작업치료사

작업치료는 정상적인 사회생활을 영위하도록 하기 위해, 혹은 장기간 입원하고 있는 환자의 삶의 질을 높이기 위해 행해지는 치료이다. 타인과 원만한 인간관계를 맺도록 하는 것도 목표의 하나다.

작업치료의 내용으로는 공예품, 수공예품, 도예품 등의 제작이나 가벼운 농업 관련 작업, 동물 키우기 등이 있다. 치료의 내용에 내실을 기하기 위해서는 환자의 개성과 질병 증상이나 상태를 면밀하게 파악해야 한다.

3. 간호사

간호사가 되기 위해서는 간호전문대학(3년제)이나 간호대학(4년제)을 졸업한 뒤 국가시험에 응시해야 한다. 그러나 대학에서는 특별하게 정신과 전문 간호사가 되기 위한 훈련 과정이 따로 있는 것이 아니라 모든 과를 공부한다. 간호사가 된 뒤 각각 전공과에서 지도를 받으면서 경험을 쌓는다.

4. 정신의료사회복지사

정신 질환 환자 중에는 완치가 안 되고 증상이 남는 경우가 있다. 이런 장애를 가진 사람들에게 복지 지원을 하는 사람들이다. 정신병원이나 보건소 등에서 환자의 상담에 응하거나, 지역에서 환자가 정상적인 생활을 할 수 있도록 돕는다. 구체적으로는 환경의 정비(공공주택의 입주 혹은 각종 공적 급여금 수령의 절차 등)나 필요한 훈련(규칙적인 생활이나 스스로 금전 관리를 할 수 있게 도와준다) 등의 원조 활동을 꼽을 수 있다. 의료의 최종적인 목표가 환자의 사회 복귀라고 생각한다면 굉장히 중요한 역할이다. 1998년에 국가 자격으로 인정되었다. 수험 자격은 4년제 대학에서 정신장애의 보건이나 복지 관련 학과를 이수하고 졸업했거나, 이와 동등한 자격을 갖춘 자에게 주어진다.

[병원 · 의원 · 클리닉]

간호사　　　　의사　　　임상심리사　　작업치료사

 [지역사회]

정신의료사회복지사

마음의 병에 더 많은 관심을
가질 수 있기를…

최근 마음의 병은 '경(輕) · 다(多) · 복(複)'의 경향을 띠고 있다.

중증 환자보다는 비교적 증상이 가벼운 '경(輕)'증 환자가 눈에 띄는 것은 반가운 일이지만, 정신 질환을 앓는 환자의 수는 기하급수적으로 늘고(多) 있다. 또한 환자 한 명 한 명이 안고 있는 질환도 복잡다단한(複) 경향을 보이고 있다. 때문에 증상이 있어도 마음의 병으로 자각하지 못하는 경우가 많다.

정신의료 관계자뿐만 아니라 일반인도 마음의 병을 정확하게 이해해 주었으면 하는 바람에서, 그리고 비교적 증상이 가벼울 때 정신과를 찾아 진료를 받았으면 하는 바람에서 이 책을 써 내려갔다.

이와 같은 취지에서 굉장히 복잡한 인간의 정신 구조를 가능한 한 단순화시켜서 일반인들도 이해하기 쉽게 설명하려고 했다. 질병과 관련해서는 주로 대표적인 것을 소개했고, 치료법도 대표적인 것만을 뽑아 기술했다. 한편 본문에 등장하는 환자는 특정 모델이 아님을 밝혀 둔다.

이 책의 본문 구성 및 일러스트는 시노 야스시(志野靖史) 씨가, 내용 책임은 필자가 담당했다.

또한 가나자와 대학원 뇌정보병태학(腦情報病態學)의 고바야시 가츠지(小林克治) 조교수로부터는 유익한 정보를, 고단샤 사이엔티픽 출판사의 구니토모 나오미(國友奈緒美) 씨로부터는 기획 단계부터 세심한 배려와 수많은 조언을 얻었다. 진심으로 감사드린다.

이 책을 통해 정신의학, 마음의 병에 더 많은 관심을 가질 수 있기를 바란다.

— 고시노 요시후미(越野好文)

당신은 정신과 혹은 정신의학에
어떤 이미지를 갖고 있나요?

"으슬으슬 춥고 온몸이 쑤시네. 훌쩍훌쩍 콧물에, '에취' 기침까지. 에이 안 되겠다, 더 고생하기 전에 내일 당장 병원 가야지" 하며 병원으로 직행하는 당신!

하지만……. "왜 이렇게 기분이 먹먹하지. 벌써 한 달째 터널에 갇혀 있는 기분이야. 의욕이 하나도 없고, 그렇게 즐겨 먹던 피자도 마치 돌을 씹고 있는 것 같아. 아냐 아냐, 내가 의지가 부족해서 그래. 정신 상태가 해이해진 거라고. 힘내야지, 정신 차려야지. 하지만 힘이 나질 않아……" 하며, 마음이 불편할 때 당신은 모든 것을 자신의 의지 부족이나 나약함으로 돌리지는 않는지요?

하지만 인간의 마음이 존재하는 곳이 바로 '뇌'라는 사실, 그 뇌의 구조와 기능에서부터 출발해 마음의 병과 증상, 치료 과정을 읽어 내려가면서 정신의학이라는 학문에 대한 무지, 정신과에 대한 근거 없는 편견과 오해를 마음 깊이 반성했습니다.

정신의학의 세계에 빠져들면서 저는 주위 사람들의 마음과 정신에 관심을 갖기 시작했습니다. 그래서 작업하는 동안 지인들에게 "혹시 정신과에 대해 아시는 거 있으세요? 혹시 가 보신 적은 없으시고요? 밤에 잠은 잘 주무시나요?" 하며 기괴한 질문을 던지곤 했습니다. 혹시나 이 책을 옮기는 데 도움이 될까 해서요.

처음에는 '정신 나간 질문을 쏟고 있네!' 하는 반응을 보이다가도 정신의학 관련 서적을 옮기고 있다고 말하면, 처음과는 전혀 다른 모습으로 관심을 보이며 적극적으로 자신의 경험담을 들려주는 이도 있었습니다.

"실은 나 요즘 정신과 치료를 받고 있어. 밤에 잠을 못 자서. 수면제 없으면 정말 한 시간도 못 자. 회사 스트레스도 엄청나지만, 몇 년 전에 교통사고로 동생을 잃은 상처가 컸던 것 같아"라며 자신의 속내를 조심스럽게 털어놓는 친구도 있었죠.

어떠세요, 당신은 정신과 혹은 정신의학에 어떤 이미지를 갖고 있나요?

"정신과? 거기 정말 정신이 이상한 사람이 가는 곳 아닌가요? 난 멀쩡하다고요" 하며 정신과에 지나치게 과민 반응을 보이는 분도 분명 계실 테지요. 특히 그런 분들에게 이 책을 권해 드리고 싶네요.

왜냐하면 《내 몸 안의 뇌와 마음 탐험, 신경정신의학》은 심장에 이상이 생기듯, 간에 이상이 생기듯, 뇌에 이상이 생길 수도 있으며, 뇌가 아파서 생기는 정신 질환은 불치병이 아니라는 점, 적절한 시기에 치료를 하면 완치할 수 있다는 점을 우리에게 친절하게 일깨워 주니까요.

이 책은 정신과에 곱지 않은 선입견을 갖고 있는 많은 이들에게 편견과 오해를 바로잡는 계기가 될 뿐만 아니라, 정신의학 및 정신과에 대해 올바른 지식과 뇌 건강과 관련해 실제적인 도움을 주리라 확신합니다.

_ **황소연**

찾아보기

옮긴이 _ 황소연

대학에서 일본어를 전공하고 첫 직장이었던 출판사와의 인연 덕분에 지금까지 10여 년간
전문 번역가로 활동하면서 〈바른번역 아카데미〉에서 출판번역 강의도 맡고 있다.

어려운 책을 쉬운 글로 옮기는, 그래서 독자를 미소 짓게 하는 '미소 번역가'가 되기 위해
오늘도 일본어와 우리말 사이에서 행복한 씨름 중이다.

옮긴 책으로는 《내 몸 안의 지식여행 인체생리학》, 《내 몸 안의 작은 우주 분자생물학》,
《내 몸 안의 주치의 면역학》, 《내 몸 안의 생명 원리 인체생물학》, 《면역습관》, 《유쾌한 공
생을 꿈꾸다》, 《우울증인 사람이 더 강해질 수 있다》 등 80여 권이 있다.

내 몸 안의 뇌와 마음 탐험, 신경정신의학

개정판 1쇄 발행 ㅣ 2022년 8월 24일
개정판 2쇄 발행 ㅣ 2024년 3월 29일

지은이 ㅣ 고시노 요시후미·시노 야스시
옮긴이 ㅣ 황소연
펴낸이 ㅣ 강효림

편 집 ㅣ 이용주·공순례
디자인 ㅣ 채지연

종 이 ㅣ 한서지업㈜
인 쇄 ㅣ 한영문화사

펴낸곳 ㅣ 도서출판 전나무숲 檜林
출판등록 ㅣ 1994년 7월 15일·제10-1008호
주 소 ㅣ 10544 경기도 고양시 덕양구 으뜸로 130
위프라임트윈타워 810호
전 화 ㅣ 02-322-7128
팩 스 ㅣ 02-325-0944
홈페이지 ㅣ www.firforest.co.kr
이메일 ㅣ forest@firforest.co.kr

ISBN ㅣ 979-11-88544-89-9 (44470)
ISBN ㅣ 979-11-88544-31-8 (세트)

몸과 마음을 지배하는 腸의 놀라운 힘, 장뇌력

몸속 기관 중에 뇌가 으뜸인 것처럼 보이지만, 생물은 먼저 장에서 진화했으며 뇌는 훨씬 뒤에 생겨났다. 즉 장은 뇌보다 훨씬 오래된, 생명의 근원이다. 저자는 우리가 먹고 마신 음식, 들이쉰 공기가 어떻게 '몸'과 '마음'이 되는지 그 작용 원리와 장에 숨겨진 놀라운 힘을 이 책에 담았다. 장뇌력을 연마하면 몸이 건강해지는 것은 기본이요, 마음과 영혼까지 조화를 이뤄 진정한 건강을 누릴 수 있다.

나가누마 타카노리 지음 | 배영진 옮김 | 216쪽

효소 식생활로 장이 살아난다 면역력이 높아진다

'체내 효소(인체에서 생성하는 효소)의 양은 정해져 있기 때문에 효소를 얼마나 보존하느냐가 건강을 좌우한다'고 강조하면서 나쁜 먹을거리와 오염된 환경, 올바르지 않은 식습관 때문에 갈수록 줄어드는 체내 효소를 어떻게 하면 온존하고 보충할 수 있는지를 상세히 알려준다. 그리고 장 건강을 위해 효소 식생활이 얼마나 중요한지 등 장과 면역력에 대한 모든 것을 알기 쉽게 설명한다.

츠루미 다카후미 지음 | 김희철 옮김 | 244쪽

모든 병은 몸속 정전기가 원인이다

체내 정전기와 질병의 관계를 밝힌 최초의 책! 아토피피부염, 탈모, 치매, 암, 당뇨병, 만성 근육통 등이 증가하는 이유는 몸속에 정전기를 쌓는 생활습관 때문이다. 저자는 이 책에서 몸속에 정전기가 발생하고 쌓여서 우리 몸을 공격하는 메커니즘과 몸에 끼치는 악영향을 논리적으로 설명한다. 더불어 체내 정전기를 몸속에서 제거하는 생활습관을 소개하고 몸속에 쌓인 정전기를 빼서 병이 호전된 사례도 함께 보여준다.

호리 야스노리 지음 | 김서연 옮김 | 248쪽

생활 속에서 실천하는 세로토닌 뇌 활성법

세로토닌 연구의 세계적 권위자 아리타 히데오 박사의 세로토닌 뇌 활성법. 세로토닌이 무엇이고 어떤 경로로 우리에게 영향을 미치는지, 세로토닌을 활성화하는 방법은 무엇인지를 구체적으로 다루어 신체활동이 부족한 직장인과 학생, 우울감을 겪는 주부, 밤에 활동하는 사람 등 각자 자신의 라이프스타일에 맞게 활용할 수 있다.

아리타 히데오 지음 | 윤혜림 옮김 | 188쪽

비만과 만성질환의 공모자, 스트레스 호르몬 코티솔 조절법

스트레스를 받아 코티솔(Cortisol) 수치가 올라가면, 특히 만성 스트레스로 인해 코티솔 수치가 상승한 상태로 지속되면 얼마나 건강에 해로운지를 설명. 식이요법, 운동, 식이보충제로 상승한 코티솔 수치를 정상 범위로 조절함으로써 만성 스트레스에 대응하고 건강을 개선하는 방법(SENSE 생활습관 프로그램)을 제시한다.

숀 탤보트 지음 | 대한만성피로학회 옮김 | 352쪽

알츠하이머 해독제

뇌는 언제든지 다시 좋아질 준비가 되어 있다! 뇌 건강 관련 최고의 영양 전문가인 저자가 알츠하이머, 치매, 경도인지장애, 기억력 저하를 예방하고 치료하는 근본적인 방법으로 식생활과 생활습관을 개선하는 '인지능력 회복 전략'을 제시한다. 특히 뉴런의 연료 사용 방식을 바꾸는 최신 '저탄고지 식이요법'을 실천하면 뇌의 연료 공급원이 케톤으로 바뀌면서 인지능력이 향상된다고 설명한다.

에이미 버거 지음 | 김소정 옮김 | 416쪽

전나무숲 건강편지를
매일 아침, e-mail로 만나세요!

전나무숲 건강편지는 매일 아침 유익한 건강 정보를 담아 회원들의 이메일로
배달됩니다. 매일 아침 30초 투자로 하루의 건강 비타민을 톡톡히 챙기세요.
도서출판 전나무숲의 네이버 블로그에는 전나무숲 건강편지 전편이 차곡차곡
정리되어 있어 언제든 필요한 내용을 찾아볼 수 있습니다.

http://blog.naver.com/firforest

 '전나무숲 건강편지'를 메일로 받는 방법 forest@firforest.co.kr로 이름과 이메일 주소를
보내주세요. 다음 날부터 매일 아침 건강편지가 배달됩니다.

유익한 건강 정보,
이젠 쉽고 재미있게 읽으세요!

도서출판 전나무숲의 티스토리에서는 스토리텔링 방식으로 건강 정보를
제공합니다. 누구나 쉽고 재미있게 읽을 수 있도록 구성해, 읽다 보면 자연스럽게
소중한 건강 정보를 얻을 수 있습니다.

http://firforest.tistory.com

스마트폰으로 전나무숲을 만나는 방법

네이버 블로그　　　　다음 블로그